青藏高原
饲药两用植物资源

张晓庆　石红霄　塔　娜　等　编著

中国农业出版社

北京

图书在版编目（CIP）数据

青藏高原饲药两用植物资源/张晓庆等编著. —北京：中国农业出版社，2023.9
ISBN 978-7-109-31129-9

Ⅰ.①青… Ⅱ.①张… Ⅲ.①青藏高原－饲料－植物资源②青藏高原－药用植物－兽用药－植物资源 Ⅳ.①S816②S859.79

中国国家版本馆CIP数据核字（2023）第176088号

中国农业出版社出版

地址：北京市朝阳区麦子店街18号楼
邮编：100125
责任编辑：魏兆猛　　文字编辑：银　雪
版式设计：杨　婧　责任校对：吴丽婷　　责任印制：王　宏
印刷：北京缤索印刷有限公司
版次：2023年9月第1版
印次：2023年9月北京第1次印刷
发行：新华书店北京发行所
开本：787mm×1092mm　1/16
印张：10.25
字数：255千字
定价：120.00元

编 委 会

前　言

青藏高原平均海拔在4 000m以上，是世界海拔最高的高原，被喻为"世界屋脊""第三极"。这里特殊的气候条件和地理环境造就了独特的植物资源。据相关资料统计，青藏高原分布天然植物5 700多种，其中饲用植物2 672种以上，已入藏药的植物2 085种。这些丰富多样的植物资源具有重要的生态、饲用、药用和经济价值。充分了解和挖掘利用这些植物资源，对青藏高原生态安全建设和草牧业可持续发展意义重大。

随着人们对健康和高质量畜产品需求的不断增长，食药同源或饲药两用植物资源的可持续利用受到医药行业和畜牧产业的高度关注。本书汇集了青海省、西藏自治区常见的饲药两用天然植物150种，分属37科96属，系统介绍了每种植物的形态特征、分布地区、药用部位和饲用价值等关键信息。书中附原创彩图286幅，鲜明地展现了每种植物的形态特征，以便辨别和应用，可为从事畜牧业及中药材生产、研究相关领域的专家、学者和企业等提供参考。

在编写本书过程中，承蒙青海大学孙海群教授和青海省畜牧兽医科学院刘文辉研究员的大力支持和热情帮助，谨此表示衷心的感谢！感谢西藏自治区科技厅重点研发计划"西藏荨麻人工栽培及功能性草畜产品研发和示范（XZ202001ZY0037N）"项目的资助使本书得以出版。

尽管编者尽最大努力修改和完善书稿，仍难免有遗漏和不足，恳请专家学者批评指正。

编著者

2022 年 12 月

目　录

一、木贼科 Equisetaceae

1. 问荆

属名：木贼属 *Equisetum* L.

拉丁名：*Equisetum arvense* L.

形态特征：多年生草本植物，高 10 ~ 20 cm。根状茎长且横走，匍匐根具有黑色的球茎。茎有 2 种类型：能育的茎枝在春季萌发，呈黄棕色，高 5 ~ 35 cm；不育的枝条较晚萌发，呈绿色，高 40 cm。叶鞘呈筒状漏斗形，长 10 ~ 20 mm。孢子囊穗呈圆柱形。

分布地区：青海省各地；西藏自治区林芝市波密县。

药用部位：全草入药。

饲用价值：中等饲用植物。营养品质良，适口性良好。营养期含粗蛋白质 19.92%、粗脂肪 2.14%、粗纤维 41.47%、无氮浸出物 17.27%、粗灰分 19.20%，钙 0.95%。春夏季马、牛和羊均喜食，煮熟的嫩茎可喂猪。可调制成青干草，供草食家畜饲用。

二、柏科 Cupressaceae

2.圆柏

属名：圆柏属 *Sabina* Mill.

拉丁名：*Sabina chinensis* (L.) Ant.

别名：珍珠柏、红心柏、刺柏、桧

形态特征：乔木，高达 20 m，胸径 3.5 m。树皮呈深灰色，有纵裂。叶有刺叶和鳞叶 2 种类型，刺叶生长在幼树上，鳞叶生长在老龄树上，刺叶和鳞叶兼生在壮龄树上。大多数雌雄异株。种子呈卵圆形，扁平。花期 4 月，果熟期翌年 11 月。

分布地区：青海省海东市，黄南州，海西州，海南州，海北州，果洛州玛多县、班玛县、玛沁县；西藏自治区拉萨市*。

药用部位：树皮、枝和叶入药。

饲用价值：低等饲用植物。冬春季缺草时，枝和叶可作粗饲料。

---

* 20 世纪 80 年代出版的《西藏植物志》记载为拉萨市，可能不同于现今的拉萨市行政区划。下同。

3. 叉子圆柏

属名：圆柏属 *Sabina* Mill.

拉丁名：*Sabina vulgaris* Ant.

别名：臭柏、爬柏、砂地柏、双子柏、天山圆柏、新疆圆柏

形态特征：匍匐型灌木，高不超过 1 m。枝条和树皮呈灰褐色，斜上伸展，有刺叶和鳞叶 2 种类型。绝大多数雌雄异株。雄球花呈椭圆形或矩圆形，雌球花曲垂或先期直立而后俯垂。果实成熟时呈褐色至紫蓝色或黑色，倒三角状球形。种子稍扁呈卵圆形，球果有 2～3 粒种子。

分布地区：青海省海南州共和县、贵南县，海北州祁连县。

药用部位：枝、叶和果实入药。

饲用价值：低等饲用植物。因具有较强烈的松柏气味，适口性差，家畜不喜食，仅在生长初期为山羊采食。嫩枝嫩叶富含多种维生素，可加工用作饲料添加剂。

三、麻黄科 Ephedraceae

4. 中麻黄

属名：麻黄属 *Ephedra* Tourn. ex L.

拉丁名：*Ephedra intermedia* Schrenk ex Mey.

别名：西藏中麻黄

形态特征：灌木，高0.2～1.0 m。茎秆粗壮，直立或倾斜向上。小枝条呈灰绿色，叶呈钝三角形或窄三角状披针形。雌球花2～3朵成簇，成熟时苞片呈红色，肉质。种子呈卵圆形或长卵圆形，2～3粒，包于肉质红色苞片内。花期5—6月，种子成熟期7—8月。

分布地区：青海省西宁市*，海西州格尔木市、德令哈市、都兰县、大柴旦行政区，玉树州称多县，黄南州同仁市、泽库县，海南州兴海县、贵德县，海东市平安区、循化撒拉族自治县（以下简称循化县）、民和回族土族自治县（以下简称民和县）；西藏自治区林芝市波密县。

药用部位：根和全草入药。

饲用价值：低等饲用植物。营养品质中等，适口性一般。结实期含粗蛋白质9.05%、粗脂肪2.90%、粗纤维21.50%、无氮浸出物59.42%、粗灰分7.13%，钙1.74%、总磷0.13%。青绿时期，骆驼、驴和羊乐食嫩枝叶，其他家畜不采食。

---

*　20世纪90年代出版的《青海植物志》记载为西宁市，可能不同于现今的西宁市行政区划。下同。

5.单子麻黄

属名：麻黄属 *Ephedra* Tourn. ex L.

拉丁名：*Ephedra monosperma* Gmel. ex Mey.

别名：小麻黄

形态特征：草本状矮小灌木，高5～15 cm。小枝常微弯，长1～2 cm。叶有2裂，裂叶片呈短三角形。花单生于枝顶或对生于节上，雄球花多呈复穗状，雌球花成熟时苞片呈红色被白粉。种子外露，呈卵圆形，果实通常含1粒种子。花期6月，种子成熟期8月。

分布地区：青海省海西州德令哈市，玉树州治多县、曲麻莱县、囊谦县，果洛州玛多县、玛沁县，海南州兴海县、共和县，海东市循化县；西藏自治区昌都市卡若区、江达县、芒康县，那曲市色尼区、班戈县，林芝市米林市，拉萨市当雄县、曲水县。

药用部位：草质茎入药。

饲用价值：低等饲用植物。在冬季，绵羊、山羊和骆驼喜食干枝和叶。

6. 草麻黄

属名：麻黄属 *Ephedra* Tourn. ex L.

拉丁名：*Ephedra sinica* Stapf

别名：华麻黄、麻黄

形态特征：矮小灌木，高20～40 cm。茎较短或匍匐，木质化。叶有2裂，裂片呈锐三角形。雄球花呈淡黄色，多呈复穗状，有4对苞片；雌球花单生，顶生或侧生，成熟时呈肉质红色。种子呈黑褐色三角状卵圆形，果实常有2粒种子。花果期5—7月。

分布地区：青海省黄南州，海东市民和县，海南州贵南县，果洛州久治县。

药用部位：茎入药。

饲用价值：干枝及叶为绵羊、山羊和骆驼乐食。冬春季枯草期可适当放牧利用，但需警惕引起家畜中毒。作为我国较为珍贵的药用植物，草麻黄同其他麻黄属植物含有多种化学活性成分，具有良好的药理作用，同时也有较大的毒性。何永明等（2010）的研究表明，草麻黄对家兔心脏功能和结构造成明显损伤，而且损伤在一定范围内呈现剂量累积效应。

四、桦木科 Betulaceae

7.白桦

属名：桦木属 *Betula* L.

拉丁名：*Betula platyphylla* Suk.

别名：桦皮树、粉桦

形态特征：乔木，高20 m有余。树皮呈灰白色，成层剥裂。枝条呈红褐色，无毛。叶厚纸质，边缘有重锯齿，呈三角状卵形或三角状菱形，上叶面无毛无腺点，下叶面无毛密生腺点。坚果小，呈狭矩圆形、矩圆形或卵形，背面被稀疏的短柔毛。

分布地区：青海省玉树州玉树市、囊谦县，果洛州玛沁县，黄南州尖扎县、同仁市、泽库县，海北州海晏县、门源回族自治县（以下简称门源县），西宁市湟源县、湟中区，海东市平安区、乐都区、循化县、民和县、互助土族自治县（以下简称互助县）；西藏自治区林芝市巴宜区、米林市、波密县，昌都市江达县，那曲市索县，山南市乃东区、隆子县。

药用部位：树皮和液汁入药。

饲用价值：良等饲用植物。营养品质良，适口性好。嫩枝嫩叶含粗蛋白质20.23%、粗脂肪5.86%、粗纤维22.39%、无氮浸出物46.37%、粗灰分5.15%，钙1.44%、总磷0.16%。鲜叶为羊喜食，马和牛乐食；干叶为家畜喜食。发酵后可喂猪。

五、桑科 Moraceae

8. 葎草

属名：葎草属 *Humulus* L.

拉丁名：*Humulus scandens* (Lour.) Merr.

别名：拉拉秧、锯锯藤、拉拉藤、葛勒子秧、五爪龙

形态特征：多年生缠绕草本植物，高达数米。茎、枝和叶柄均具倒钩刺。叶呈肾状五角形，纸质，有掌状的5～7深裂，边缘有锯齿。雌雄异株，雄花呈淡黄绿色，小花呈圆锥花序，雌花序呈球果状三角形。瘦果成熟时露出苞片外。花期7—8月，果期9月。

分布地区：青海省海东市循化县。

药用部位：全草入药。

饲用价值：良等饲用植物。营养品质优，鲜草适口性差。营养期含粗蛋白质19.61%、粗脂肪3.01%、粗纤维19.77%、无氮浸出物39.41%、粗灰分18.20%，钙2.40%、总磷0.33%。藤蔓长、叶量大，是一种高产牧草。因茎叶具有倒钩刺，青绿时期畜禽不喜食，仅见牛和羊偶食嫩枝嫩叶。刈割后切碎或蒸煮，可作为猪和禽的优良饲料。也可调制青贮饲料，供草食家畜饲用。

六、荨麻科 Urticaceae

9. 宽叶荨麻

属名：荨麻属 *Urtica* L.

拉丁名：*Urtica laetevirens* Maxim.

别名：齿叶荨麻

形态特征：多年生草本植物，高30～70 cm。叶呈卵形或卵状披针形，先端渐尖，边缘有粗锯齿，两面疏生刺毛和细糙毛，密生短杆状钟乳体。雌雄同株，花序呈穗状，雄花序较长而雌花序较短。瘦果呈灰褐色卵圆形，稍微有疣点。花期6—8月，果期8—9月。

分布地区：青海省玉树州囊谦县，海东市互助县；西藏自治区林芝市米林市、察隅县、波密县。

药用部位：全草入药。

饲用价值：良等饲用植物。茎和叶含有丰富的粗蛋白质、多种维生素及各种矿物质元素，是马、牛、骆驼、羊、猪和家禽越冬度春的优质牧草。

10.高原荨麻

属名：荨麻属 *Urtica* L.

拉丁名：*Urtica hyperborea* Jacq. ex Wedd.

形态特征：多年生草本植物，高60～80 cm。茎密生刺毛。叶呈卵形或心形，边缘有粗锯齿，钟乳体呈点状；叶柄短，长2～10 mm，托叶离生。雌雄同株，雄花序在下部，雌花序在上部。瘦果呈苍白或灰白色长圆状卵圆形，表面光滑。花期6—7月，果期8—9月。

分布地区：青海省玉树州玉树市、杂多县、治多县、曲麻莱县、称多县，果洛州玛多县、久治县、玛沁县，海西州天峻县，海南州兴海县，海北州祁连县；西藏自治区日喀则市聂拉木县、定日县、萨迦县、南木林县，拉萨市尼木县，那曲市色尼区、班戈县、双湖县，阿里地区改则县。

药用部位：全草入药。

饲用价值：良等饲用植物。营养价值高，鲜草适口性差，一般家畜不采食。干燥粉碎后牛和羊喜食，是优良的冬春季补饲用草。

11.西藏荨麻

属名：荨麻属 *Urtica* L.

拉丁名：*Urtica tibetica* W. T. Wang

形态特征：多年生草本植物，高40～100 cm。茎秆呈淡紫色四棱形，被稀疏的刺毛和细糙毛。叶呈卵形至披针形，边缘有细牙齿，被刺毛或短柔毛。雌雄同株，雄花序在下部，雌花序在上部。瘦果呈苍白色至淡褐色三角状卵形，表面光滑。花期6—7月，果期8—10月。

分布地区：青海省海南州共和县；西藏自治区拉萨市尼木县、当雄县，日喀则市桑珠孜区、江孜县、仁布县，林芝市巴宜区、朗县，山南市加查县。

药用部位：全草入药。

饲用价值：良等饲用植物。营养价值高，因茎叶附刺毛，鲜草适口性差。营养期含粗蛋白质34.97%、粗灰分26.52%；花期含铁量高达1.73 g/kg；结实期含钙48.41 g/kg。富含多种生物活性物质，其中不饱和脂肪酸71.66%（含n-3多不饱和脂肪酸52.83%）、黄酮1.49%、粗多糖0.83%、单宁0.34%、总皂苷0.12%。鲜草一般不为家畜采食，打浆后喂猪易壮。调制青贮或干燥粉碎后，适口性明显改善，可作为牛、羊和鸡等畜禽的优质粗饲料原料，对改善肉和鸡蛋品质有显著效果。

七、蓼科Polygonaceae

12.鸡爪大黄

属名：大黄属*Rheum* L.

拉丁名：*Rheum tanguticum* Maxim. ex Regel

别名：唐古特大黄

形态特征：多年生高大草本植物，高1～2 m。茎秆直立中空，节部膨大。基生叶和茎下叶具有长柄，叶呈宽心形，掌状2～3回深裂，裂片呈羽状分裂。大圆锥花序，花呈淡黄色或紫红色。瘦果呈暗褐色，椭圆状三棱形。花期6月，果期7—8月。

分布地区：青海省果洛州班玛县、久治县、玛沁县，黄南州泽库县、河南蒙古族自治县（以下简称河南县），海南州同德县，海东市乐都区、循化县、民和县、互助县。

药用部位：根和茎入药。

饲用价值：经霜降后的茎秆和叶片，可作为牛和羊越冬度春的粗饲料。

13.尼泊尔酸模

属名：酸模属 *Rumex* L.

拉丁名：*Rumex nepalensis* Spreng.

别名：土大黄、牛耳大黄

形态特征：多年生草本植物，高0.6～1.5 m。基生叶有叶柄，叶片呈长圆状卵形或尖卵形。圆锥花序顶生，大型；两性花，呈紫红色；花被片呈紫红色，有6枚，边缘有针刺状齿。瘦果呈深褐色卵状三棱形，表面有光泽，长3 mm。花期4—5月，果期6—7月。

分布地区：青海省玉树州玉树市、杂多县、囊谦县、称多县，果洛州班玛县，黄南州同仁市、河南县、海东市乐都区、互助县、民和县；西藏自治区拉萨市，昌都市卡若区、芒康县、左贡县、林芝市巴宜区、米林市、察隅县、墨脱县、波密县，日喀则市亚东县、萨迦县、定日县、吉隆县，阿里地区普兰县。

药用部位：根入药。

饲用价值：适宜在盛花期收获利用。切碎、煮熟后调制成猪饲料，猪特别喜食。

14.酸模

属名：酸模属 *Rumex* L.

拉丁名：*Rumex acetosa* L.

别名：山大黄

形态特征：多年生草本植物，高20～80 cm。茎直立，无分枝。基生叶全缘，基部箭形，具有长柄，叶片呈长椭圆形。雌雄异株。花序细长圆锥状，单性花，苞片呈三角状卵形，花被片呈红色。瘦果呈黑色椭圆形，表面有光泽，具3棱。花期6—7月，果期8—9月。

分布地区：青海省玉树州玉树市、囊谦县，果洛州班玛县、久治县，黄南州同仁市、泽库县、河南县，海南州同德县，西宁市大通县；西藏自治区昌都市卡若区、江达县、类乌齐县，那曲市色尼区、比如县。

药用部位：根入药。

饲用价值：中等饲用植物。营养品质良，茎叶柔软、鲜嫩多汁，但略有酸味。营养期茎叶含粗蛋白质15.09%、粗脂肪2.52%、粗纤维24.91%、无氮浸出物44.61%、粗灰分12.87%、钙1.91%、总磷0.55%。青绿时期为绵羊、山羊和猪喜食。可调制青贮饲料或晒制干草。

15.巴天酸模

属名：酸模属 *Rumex* L.

拉丁名：*Rumex patientia* L.

别名：羊蹄根、牛舌棵、洋铁酸模

形态特征：多年生草本植物，高 50 ~ 120 cm。茎直立，粗壮。基生叶和茎下部叶呈长椭圆形或长圆状披针形，边缘皱波状。花序大型呈圆锥形，两性花，内轮花被片宽 5 mm 以上。瘦果呈褐色卵状，表面有光泽，具有 3 棱。花期 5—6 月，果期 6—7 月。

分布地区：青海省西宁市，玉树州玉树市、囊谦县，果洛州玛沁县，黄南州同仁市、泽库县，海西州都兰县，海南州兴海县、同德县，海东市循化县、民和县；西藏自治区拉萨市，日喀则市萨迦县、南木林县，阿里地区普兰县。

药用部位：根和叶入药。

饲用价值：良等饲用植物。营养品质良，适口性一般。茎叶含粗蛋白质 19.80%、粗脂肪 2.34%、粗纤维 17.88%、无氮浸出物 38.50%、粗灰分 21.48%，钙 0.11%。叶和花分别含维生素 C 10 050 mg/kg 和 745 mg/kg。开花前茎叶柔嫩多汁，牛、羊、猪和禽均采食。种子可作为精饲料。

16.荞麦

属名：荞麦属 *Fagopyrum* Mill.

拉丁名：*Fagopyrum esculentum* Moench

别名：甜荞

形态特征：1年生草本植物，高30～70 cm。茎呈绿色或红褐色，直立，多分枝。叶呈三角形或戟形，全缘；托叶鞘短，呈筒状。总状花序顶生或腋生，花簇紧密，花呈白色或淡粉红色。瘦果呈暗褐色卵状，表面光滑，具3棱。花期6—7月，果期7—9月。

分布地区：青海省西宁市，黄南州，海南州和东部农区；西藏自治区昌都市，日喀则市，林芝市波密县。

药用部位：种子入药。

饲用价值：优等饲用植物。营养品质良，适口性良好。花期茎叶含粗蛋白质12.61%、粗脂肪2.59%、粗纤维17.23%、无氮浸出物62.95%、粗灰分4.62%。青刈时柔嫩多汁，可作为牛、羊和猪的优良青绿饲草。可调制干草或青贮饲料饲喂牛羊，或粉碎后喂猪。籽粒富含淀粉、粗蛋白质、钙、磷、铁和维生素B_1、维生素B_2等多种养分，可作为畜禽的优质精饲料。

17.苦荞麦

属名：荞麦属 *Fagopyrum* Mill.

拉丁名：*Fagopyrum tataricum* (L.) Gaertn.

别名：野荞麦、鞑靼荞麦、荞叶七、野兰荞、万年荞、菠麦、乌麦、花荞

形态特征：1年生草本植物，高15～40 cm。茎直立，有细弱的分枝。叶呈三角状戟形或三角状心形，全缘或微波状。总状圆锥花序顶生或腋生，花簇疏松，花为白色或淡红色。瘦果呈灰褐色卵状圆锥形或圆形，表面有沟槽。花期6—9月，果期8—10月。

分布地区：青海省玉树州，黄南州，海南州及东部农区；西藏自治区拉萨市，昌都市察雅县、贡觉县、类乌齐县、洛隆县，林芝市米林市、波密县，日喀则市江孜县、亚东县，阿里地区普兰县。

药用部位：带果实的全草入药。

饲用价值：中等饲用植物。营养品质中等，适口性良好。果后营养期茎叶含粗蛋白质7.20%、粗脂肪1.95%、粗纤维27.12%、无氮浸出物53.59%、粗灰分10.14%、钙1.87%、总磷0.24%；籽实含粗蛋白质9.2%、粗脂肪2.5%，粗纤维16.3%、无氮浸出物69.9%、粗灰分2.1%、钙0.11%、总磷0.23%。秸秆和秕壳可作为草食家畜的粗饲料。籽实略带苦味，可作为牛、羊、猪和禽等的优质精饲料。

18.萹蓄

属名：蓼属 *Polygonum* L.

拉丁名：*Polygonum aviculare* L.

别名：竹叶草、扁竹

形态特征：1年生草本植物，高达40 cm。茎平卧或斜升，基部多分枝。叶呈长圆形或披针形，边缘或全缘；托叶鞘多裂，有明显的脉纹。花单生或数朵簇生叶腋，遍布植株；花被片为绿色，边缘为白色或淡红色，呈椭圆形。瘦果呈黑褐色卵形，具3棱。花期5—7月，果期6—8月。

分布地区：青海省西宁市，海东市，海南州，海北州，玉树州玉树市、杂多县、囊谦县、称多县，果洛州久治县、玛沁县，黄南州；西藏自治区林芝市巴宜区、米林市、察隅县、波密县，山南市乃东区，日喀则市桑珠孜区、江孜县、亚东县、聂拉木县、吉隆县，昌都市八宿县，阿里地区札达县、普兰县。

药用部位：全草入药。

饲用价值：优等饲用植物。营养品质优，适口性良好。生育期长、耐践踏、再生性强，是理想的牧草。花期含粗蛋白质16.70%、粗脂肪2.30%、粗纤维29.69%、无氮浸出物40.85%、粗灰分10.46%，钙1.33%、总磷0.14%，富含多种维生素及钾、钠、钙和硫等矿物质元素。青绿时期茎叶柔软，羊、猪、鹅和兔最喜食，牛喜食，马、骆驼及其他禽类乐食；干草为羊、牛、马和骆驼喜食。鲜刈煮熟后，可喂养猪、鸡、鸭、鹅和兔。

19.圆穗蓼

属名：蓼属 *Polygonum* L.

拉丁名：*Polygonum macrophyllum* D. Don

形态特征：多年生草本植物，高达30 cm。根茎弯曲。基生叶上面呈绿色，下面呈灰绿色，长圆形或披针形；茎生叶呈窄披针形，叶柄短或近无柄。穗状花序，苞片膜质，花被呈淡红或白色，花药呈黑紫色。瘦果呈黄褐色卵形。花期7—8月，果期9—10月。

分布地区：青海省各地；西藏自治区拉萨市，昌都市卡若区、江达县、芒康县、八宿县、林芝市察隅县、朗县，山南市错那市，那曲市色尼区、比如县、安多县，日喀则市南木林县、亚东县、定日县、聂拉木县、吉隆县。

药用部位：根茎入药。

饲用价值：优等饲用植物。营养品质优，适口性好。花期含粗蛋白质18.94%、粗脂肪1.12%、粗纤维21.41%、无氮浸出物52.46%、粗灰分6.07%，钙0.58%、总磷0.43%；结实期含粗蛋白质12.80%、粗脂肪3.20%、粗纤维24.10%、无氮浸出物53.80%、粗灰分6.10%，钙0.99%、总磷0.37%。一年四季均为绵羊、牦牛和马等家畜喜食；花果期甘甜可口，绵羊和牦牛尤其喜食，是高原牧区家畜抓膘复壮的优质牧草。

20.珠芽蓼

属名：蓼属 *Polygonum* L.

拉丁名：*Polygonum viviparum* L.

别名：石风丹、红蝎子七、朱砂七、拳参、山谷子

形态特征：多年生草本植物，高10～40 cm。根状茎肥厚，无分枝。基生叶呈长圆形或卵状披针形，边缘脉端增厚、外卷，无毛；茎生叶呈披针形，近端无柄。穗状花序紧密狭长，单生枝顶，中下部具珠芽；花被为白或淡红色，有5深裂。瘦果呈深褐色卵形，表面有光泽。花期5—7月，果期7—9月。

分布地区：青海省各地；西藏自治区拉萨市，昌都市若卡区、江达县、察雅县、左贡县、八宿县，林芝市巴宜区、米林市、察隅县、波密县，山南市错那市，那曲市色尼区、安多县、聂荣县、市班戈县，日喀则市江孜县、亚东县、聂拉木县、萨嘎县、吉隆县，阿里地区普兰县、札达县。

药用部位：根茎入药。

饲用价值：良等饲用植物。营养品质良，鲜嫩期质地柔软，适口性好。抽穗期含粗蛋白质15.90%、粗脂肪2.60%、粗纤维12.73%、无氮浸出物60.65%、粗灰分8.12%、钙0.99%、总磷0.22%。山羊和绵羊喜食，马和牛可食，是高原牧区的重要天然牧草。

21. 酸模叶蓼

属名：蓼属 *Polygonum* L.

拉丁名：*Polygonum lapathifolium* L.

别名：大马蓼、旱苗蓼

形态特征：1年生草本植物，高 20～80 cm。茎直立，有分枝。叶面常具黑色斑块，呈披针形或卵状披针形，全缘。穗状花序顶生或腋生，呈总状或圆锥状；花被呈绿色或粉红色，4深裂；有雄蕊6枚。瘦果呈黑褐色，侧扁卵圆形或宽卵形。花期6—8月，果期7—9月。

分布地区：青海省西宁市，海南州兴海县、共和县、贵德县，海东市乐都区、民和县；西藏自治区拉萨市，林芝市巴宜区、米林市，日喀则市桑珠孜区、南木林县。

药用部位：全草入药。

饲用价值：中等饲用植物。营养品质中等，适口性一般。结实期含粗蛋白质8.8%、粗脂肪2.6%、粗纤维47.38%、无氮浸出物32.52%、粗灰分8.7%，钙0.99%、总磷0.29%。嫩茎叶为牛、羊和猪喜食，马采食略差；结实后适口性降低。可制作干草或草粉。

22.西伯利亚蓼

属名：蓼属 *Polygonum* L.

拉丁名：*Polygonum sibiricum* Laxm.

别名：剪刀股

形态特征：多年生草本植物，高5～30 cm。茎自基部分枝。叶近肉质，呈长椭圆形或披针形，基部呈戟形，两侧有耳状尖突。圆锥花序顶生，花呈黄绿色，花被5深裂，花梗上部有关节。花期6—7月，果期8—9月。

分布地区：青海省各地；西藏自治区拉萨市，林芝市，昌都市江达县、左贡县，那曲市索县、比如县、申扎县、双湖县，日喀则市桑珠孜区、江孜县、康马县、亚东县、吉隆县、萨迦县、昂仁县，阿里地区札达县、革吉县。

药用部位：根茎入药。

饲用价值：中等饲用植物。营养品质中等，适口性一般。营养期含粗蛋白质15.12%、粗脂肪3.31%、粗纤维19.41%、无氮浸出物40.67%、粗灰分21.49%，钙1.13%、总磷0.21%。鲜嫩时期，羊喜食茎和叶，骆驼喜食花，牛和马不采食。

23.卷茎蓼

属名：藤蓼属 *Fallopia* Adans.

拉丁名：*Fallopia convolvulus* (L.) A. Love

别名：卷旋蓼、旋花蓼、蔓首乌

形态特征：1年生草本植物。茎具条纹，下部常见分枝。叶呈三角状长卵心形，顶端渐尖，基部心形或箭形。花簇生于茎或枝上端，穗状总状花序；花被呈淡绿色，边缘为白色，具有5中裂。瘦果呈黑色卵状三棱形，两端尖。花期5—8月，果期6—9月。

分布地区：青海省西宁市，果洛州班玛县，黄南州泽库县，海南州共和县、贵德县，海东市乐都区、循化县；西藏自治区林芝市巴宜区、察隅县、波密县。

药用部位：全草入药。

饲用价值：良等饲用植物。营养品质良，适口性良好。结实期含粗蛋白质15.55%、粗脂肪2.35%、粗纤维16.98%、无氮浸出物53.95%、粗灰分11.17%、钙0.95%、总磷0.25%。在青绿时期，猪和禽喜食，马、牛和羊乐食。可调制干草，饲养草食家畜。种子富含淀粉，是各类家畜的优质精饲料。

24. 沙拐枣

属名：沙拐枣属*Calligonum* L.

拉丁名：*Calligonum mongolicum* Turcz.

形态特征：旱生小灌木，高30～60 cm。分枝呈灰白色，"之"字形弯曲。叶呈细鳞片状或钻状条形。花呈淡红色，2～3朵腋生。瘦果呈黄褐色宽椭圆形，直立或稍扭曲，长8～12 mm，每个棱肋常具有3排刺毛。花期5—7月，果期6—8月。

分布地区：青海省海西州格尔木市、都兰县。

药用部位：根及带果实的全草入药。

饲用价值：良等饲用植物。营养品质良，适口性良好。结实期含粗蛋白质14.93%、粗脂肪3.25%、粗纤维18.25%、无氮浸出物49.52%、粗灰分14.05%，钙2.56%、总磷0.18%。放牧与刈草兼用型饲用灌木。夏秋季，骆驼、绵羊和山羊喜食嫩枝嫩叶和果实。现蕾期刈割后调制成干草，可作为骆驼和羊越冬的良好牧草。

八、藜科 Chenopodiaceae

25.沙蓬

属名：沙蓬属*Agriophyllum* M. Bieb.

拉丁名：*Agriophyllum squarrosum* (L.) Moq.

别名：沙米、蒺梗藜、登相子

形态特征：1年生草本植物，高达60 cm。茎直立，基部有分枝。叶呈椭圆形或线状披针形，无柄，有针刺状小尖头。穗状花序遍生叶腋，呈圆卵形或椭圆形。胞果呈圆卵形或椭圆形，上部边缘有窄翅和毛。种子呈黄褐色近圆形，无毛。花果期8—10月。

分布地区：青海省海西州都兰县，海南州；西藏自治区山南市乃东区、加查县。

药用部位：种子入药。

饲用价值：良等饲用植物。营养品质良，适口性良好。花期含粗蛋白质10.67%、粗脂肪1.37%、粗纤维31.47%、无氮浸出物36.85%、粗灰分19.64%，钙1.74%、总磷2.27%；种子富含粗蛋白质和粗脂肪，两者分别占风干重的21.5%和6.09%。四季为骆驼喜食，山羊和绵羊乐食幼嫩茎嫩叶，马和牛采食略差。宜在开花前调制干草，大小家畜皆喜食。种子可作精饲料。

26.西伯利亚滨藜

属名：滨藜属 *Atriplex* L.

拉丁名：*Atriplex sibirica* L.

形态特征：1年生草本植物，高达50 cm。茎常自基部分枝，外倾或斜伸，呈钝四棱形。叶呈卵状三角形或菱状卵形，具稀疏的锯齿。雌花和雄花混合成簇，腋生。胞果呈白色，扁平状卵形或近圆形。种子呈黄褐至红褐色，直立。花期6—7月，果期8—9月。

分布地区：青海省西宁市，海西州格尔木市、德令哈市、都兰县、乌兰县，黄南州尖扎县，海南州贵南县、共和县、兴海县，海东市民和县。

药用部位：果实入药。

饲用价值：中低等饲用植物。营养品质中等，适口性差。果熟期含粗蛋白质8.06%、粗脂肪2.49%、粗纤维30.50%、无氮浸出物44.91%、粗灰分14.04%。青绿时期可作猪的饲料，草食家畜不喜食；秋季经霜后渐干，随着果实成熟，适口性得到明显改善，牛、羊和骆驼喜食。

27.藜

属名：藜属 *Chenopodium* L.

拉丁名：*Chenopodium album* L.

别名：灰条菜、灰菜、灰藜、灰藋

形态特征：1年生草本植物，高30 ~ 150 cm。茎直立、粗壮，多分枝，具条棱和色条。叶呈菱状卵形或宽披针形，先端尖或微钝，有锯齿。花两性，花数朵簇生叶腋形成穗状圆锥状或圆锥状花序。种子呈黑色双凸镜形，表面有光泽，横生。花果期5—10月。

分布地区：青海省各地；西藏自治区昌都市卡若区、八宿县，林芝市米林市、波密县，日喀则市江孜县、南木林县、聂拉木县、吉隆县，阿里地区普兰县。

药用部位：全草入药。

饲用价值：良等饲用植物。营养品质优，适口性良好。嫩叶含粗蛋白质24.54%、粗脂肪2.61%、粗纤维15.67%、无氮浸出物33.42%、粗灰分23.76%。在青绿时期，牛、羊和骆驼最为喜食，马不喜食。调制成干草后草食家畜均喜食。幼苗、嫩茎嫩叶及种子是猪的优质饲料。

28.藜麦

属名：藜属 *Chenopodium* L.

拉丁名：*Chenopodium quinoa* Willd.

别名：南美藜、印第安藜、奎藜、藜谷、奎奴亚藜（音译）、昆诺阿藜（音译）

形态特征：1年生草本植物，高0.6～3.0 m。茎直立分支，呈不规则扫帚状，质地较硬。单叶互生，呈绿色至黄色、红色或紫红色鸭掌状，叶缘具有波状锯齿。花两性，花序呈伞状、穗状或圆锥状。穗部呈黄色、红色或紫色。种子较小，呈小圆药片状。

分布地区：1987年引进我国。青海省海西州乌兰县及西藏自治区日喀则市拉孜县等地栽培种植。

饲用价值：粮饲兼用作物，营养品质优。藜麦籽粒富含维生素、微量元素、多酚类、黄酮类、皂苷和植物甾醇类物质，被视为一种全营养的食材，具有多种营养和保健功能。藜麦在成熟期含总可消化养分71.88%，粗蛋白质16.0%、中性洗涤纤维30.2%、酸性洗涤纤维14.5%，相对饲喂价值（RFV）为239.04。藜麦的麸皮、秸秆和干叶等副产物的饲用价值较高。适宜在灌浆期收获利用，调制青干草和青贮饲料。由于藜麦含有皂苷，籽实或碾磨副产物在非反刍动物日粮中的配比不宜超过30%。

29.梭梭

属名：梭梭属 *Haloxylon* Bunge

拉丁名：*Haloxylon ammodendron* (C. A. Mey.) Bunge

形态特征：灌木或小乔木，高达 9 m。树皮呈灰白色，老枝呈灰褐或淡黄褐色，常有环状裂隙。叶呈鳞片状宽三角形。花着生于 2 年生枝条的侧生短枝上，小苞片呈舟状宽卵形，花被片内曲并围抱果实。胞果呈黄褐色。种子呈黑色。花期 5—7 月，果期 9—10 月。

分布地区：青海省海西州格尔木市、都兰县。

药用部位：全草入药。

饲用价值：优等饲用植物。营养品质良，适口性良好。营养期含粗蛋白质 12.14%、粗脂肪 1.69%、粗纤维 21.08%、无氮浸出物 46.73%、粗灰分 18.36%。四季为骆驼喜食，绵羊、山羊采食嫩枝和果实，牛、马不采食。

30.驼绒藜

属名：驼绒藜属 *Ceratoides* (Tourn.) Gagnebin

拉丁名：*Ceratoides latens* (J. F. Gmel.) Reveal et Holmgren

别名：优若藜

形态特征：灌木，高达1 m。分枝斜展或平展。叶呈线形至披针形，单叶互生于小枝上，数枚叶簇生于老枝上。雄花序顶生呈穗状；雌花序腋生呈椭圆形，顶端有角状裂片，结果时雌花管外被4束长柔毛。果呈椭圆形，直立，被毛。花果期6—9月。

分布地区：青海省西宁市，玉树州玉树市，海西州，果洛州玛多县、玛沁县，黄南州同仁市、泽库县、河南县，海南州兴海县、共和县、同德县，海北州门源县，海东市乐都区、循化县、互助县；西藏自治区昌都市卡若区、洛隆县、八宿县，日喀则市吉隆县，阿里地区札达县、普兰县、噶尔县、日土县。

药用部位：花入药。

饲用价值：优等饲用植物。营养品质优，适口性好。现蕾期含粗蛋白质18.79%、粗脂肪1.95%、粗纤维39.04%、无氮浸出物29.03%、粗灰分11.19%，钙3.85%、总磷0.30%及胡萝卜素31.50 mg/kg。放牧与刈草兼用。新嫩枝条、叶和花，为山羊、绵羊、骆驼和马喜食，牛较少采食。现蕾期收获调制干草，可作为草食家畜的冬春季补饲用草。

31.地肤

属名：地肤属 *Kochia* Roth

拉丁名：*Kochia scoparia* (L.) Schrad.

别名：扫帚苗、扫帚菜、观音菜、孔雀松

形态特征：1年生草本植物，高达1 m。茎呈淡绿色或带紫红色圆柱状，直立，被柔毛。叶扁平呈线状披针形或披针形，常具3条主脉。花两性兼有雌性，常1～3朵簇生上部叶腋；花被呈近球形。胞果呈扁球形，种子呈卵形或近圆形。花期6—9月，果期7—10月。

分布地区：青海省各州县；西藏自治区林芝市朗县。

药用部位：果实（地肤子）入药。

饲用价值：优等饲用植物。营养品质优，适口性好。花期含粗蛋白质18.66%、粗脂肪1.50%、粗纤维18.29%、无氮浸出物37.45%、粗灰分24.10%、钙1.32%、总磷0.16%。果实成熟前茎叶质地柔嫩，为各类家畜喜食；干草为羊、牛、马、兔和骆驼喜食。开花前期收获加工成草粉，可作为猪、鸡、鸭和鹅的良好饲料。

32.木本猪毛菜

属名：猪毛菜属 *Salsola* L.

拉丁名：*Salsola arbuscula* Pall.

形态特征：小灌木，高30～50 cm。多分枝；老枝呈淡灰褐色，有纵裂纹；新枝呈白色，平滑。叶呈淡绿色半圆柱形，肉质，互生或簇生于短枝。花单生，在枝端形成穗状花序；苞片条形，小苞片呈长卵形；花被片呈黄褐色长圆形莲座状。种子横生。花期7—8月，果期8—10月。

分布地区：青海省海西州德令哈市、都兰县、大柴旦行政区。

药用部位：叶入药。

饲用价值：良等饲用植物。营养品质良，稍带咸味，适口性良好。花期含粗蛋白质15.80%、粗脂肪1.43%、粗纤维16.61%、无氮浸出物42.40%、粗灰分23.76%，钙1.14%、总磷0.12%。春季幼枝嫩叶质地柔软，绵羊和山羊乐食；秋季的落叶略被采食；四季为骆驼喜食，是骆驼放牧场的优良牧草。

33. 猪毛菜

属名：猪毛菜属 *Salsola* L.

拉丁名：*Salsola collina* Pall.

别名：扎蓬棵、三叉明棵

形态特征：1年生草本植物，高10～70 cm。茎有绿色或紫红色条纹，直立，基部分枝。叶呈圆柱状条形，先端有刺尖。穗状花序，生于枝上端；苞片背面有微隆的脊；花被片呈卵状披针形，果时硬化，背面附属物呈鸡冠状。种子横生或斜生。花期7—9月，果期9—10月。

分布地区：青海省西宁市，海西州格尔木市、乌兰县，黄南州同仁市，海南州共和县、兴海县、贵南县、同德县，海东市乐都区；西藏自治区拉萨市，昌都市类乌齐县、八宿县，日喀则市江孜县。

药用部位：全草入药。

饲用价值：中等饲用植物。营养品质优，适口性一般。分枝期含粗蛋白质25.32%、粗脂肪3.52%、粗纤维11.79%、无氮浸出物40.56%、粗灰分18.81%，钙4.09%、总磷0.27%。四季为骆驼喜食，羊少量采食幼嫩茎叶。加工调制后可作猪和禽的饲料。

34. 碱蓬

属名：碱蓬属 *Suaeda* Forssk. ex J. F. Gmel.

拉丁名：*Suaeda glauca* (Bunge) Bunge

形态特征：1年生草本植物，高达1 m。茎呈浅绿色圆柱状，直立粗壮，具条棱。叶呈灰绿色，丝状条形，半圆柱状，无毛。两性花，雌、雄花被分别呈灰绿色和黄绿色，卵状三角形，先端钝，果时增厚。种子呈黑色双凸镜形，横生或斜生。花果期7—9月。

分布地区：青海省西宁市，海南州共和县。

药用部位：全草入药。

饲用价值：低等饲用植物。营养品质中等，适口性差。结实期含粗蛋白质10.96%、粗脂肪2.31%、粗纤维18.92%、无氮浸出物64.17%、粗灰分3.64%，钙0.53%、总磷0.18%。骆驼乐食，山羊和绵羊少量采食，干枯后不采食。

九、石竹科 Caryophyllaceae

35.繁缕

属名：繁缕属 *Stellaria* L.

拉丁名：*Stellaria media* (L.) Vill.

别名：鹅肠菜、鹅耳伸筋、鸡儿肠

形态特征：1年或2年生草本植物，高10～25 cm。根须状，密集。茎呈淡紫红色，柔软。叶呈宽卵形或卵形，全缘。疏聚伞花序顶生，花瓣呈白色长椭圆形。蒴果呈卵形。种子呈红褐色卵圆形至近圆形，稍扁，表面具半球形瘤状凸起。花期6—7月，果期7—8月。

分布地区：青海省西宁市，海东市平安区、乐都区，海北州门源县，黄南州同仁市、泽库县，海南州同德县，玉树州玉树市、囊谦县，果洛州玛沁县；西藏自治区拉萨市，昌都市察雅县，山南市琼结县，日喀则市亚东县、聂拉木县，林芝市巴宜区、米林市、墨脱县、波密县、察隅县、朗县。

药用部位：全草入药。

饲用价值：优等饲用植物。营养品质优，适口性好。初花期含粗蛋白质21.43%、粗脂肪3.57%、粗纤维16.66%、无氮浸出物35.72%、粗灰分22.62%。质地柔嫩，牛、羊、猪和禽均喜食。

36.麦瓶草

属名：蝇子草属 *Silene* L.

拉丁名：*Silene conoidea* L.

别名：米瓦罐、净瓶、面条棵

形态特征：1年生草本植物，高达60 cm。茎直立，无毛。叶两面被短柔毛，基生叶呈匙形，茎生叶呈长圆形或披针形。二歧聚伞花序，有数朵花，花萼呈绿色圆锥形，花瓣呈粉红色窄披针形。蒴果呈黄色梨状。种子呈暗褐色肾形，具小疣。花期5—6月，果期6—7月。

分布地区：青海省海东市，海北州，黄南州，玉树州。

药用部位：全草入药。

饲用价值：中等饲用牧草。营养品质较高，适口性良好。在幼嫩时期，为猪、羊和兔喜食。

十、毛茛科 Ranunculaceae

37.花莛驴蹄草

属名：驴蹄草属 *Caltha* L.

拉丁名：*Caltha scaposa* Hook. f. et Thoms.

别名：花葶驴蹄草

形态特征：多年生低矮草本植物，高可达20 cm。全株无毛，多有肉质须根。茎单一或数条。叶呈心状卵形、三角状卵形，稀肾形，全缘或波状。花常生于茎端，单花或2花成单歧聚伞花序；萼片呈黄色倒卵形、椭圆形或卵形。蓇葖果具有横脉，种子呈黑色肾状椭圆球形。花期6—9月，果期7月开始。

分布地区：青海省西宁市湟中区，玉树州玉树市、杂多县、治多县、称多县，果洛州玛多县、久治县，黄南州同仁市，海东市互助县；西藏自治区拉萨市，林芝市，昌都市察雅县、芒康县、八宿县、左贡县，那曲市嘉黎县、巴青县，山南市加查县，日喀则市亚东县、定结县、聂拉木县、吉隆县。

药用部位：全草入药。

饲用价值：中等饲用植物。营养品质中等，适口性良好。结实期含粗蛋白质10.5%、粗脂肪2.1%、粗纤维17.5%、无氮浸出物59.3%、粗灰分10.6%。在青绿时期，牦牛、牛和马均乐食，羊少食。

38. 矮金莲花

属名：金莲花属 *Trollius* L.

拉丁名：*Trollius farreri* Stapf

别名：五金草、一枝花

形态特征：多年生草本植物。植株无毛，茎高约5 cm。叶呈五角形，基生或近基生，有3～4枚。单花顶生，萼片呈黄色，宽倒卵形，外面常带暗紫色；花瓣呈匙状线形。聚合果直径约8 mm，种子呈黑褐色椭圆球形，具4条不明显的纵棱。花期6—7月，果期8月。

分布地区：青海省玉树州玉树市，黄南州同仁市、泽库县、河南县，海东市循化县，海北州门源县；西藏自治区昌都市若卡区、丁青县、类乌齐县，那曲市比如县、索县。

药用部位：花入药。

饲用价值：中等饲用植物。适口性良好。牛、牦牛喜食，马、绵羊乐食，山羊少食。花期矮金莲花可提高牦牛乳的酥油品质。

十一、十字花科 Brassicaceae

39.荠

属名：荠属 *Capsella* Medic.

拉丁名：*Capsella bursa-pastoris* (L.) Medic

别名：地米菜、荠菜、菱角菜

形态特征：1年或2年生草本植物，高10～40 cm。茎单一或分枝，常被毛。基生叶丛生呈莲座状，大头羽裂或不整齐羽裂，叶柄有狭翅；茎生叶呈披针形，边缘有齿。总状花序顶生或腋生，花瓣呈白色卵形，有短爪。短角果，种子呈浅褐色长椭圆形，每室有2行种子。花果期4—6月。

分布地区：青海省及西藏自治区的大部分地区。

药用部位：全草入药。

饲用价值：优等饲用植物。营养品质可与豆科牧草媲美，适口性好。结实期含粗蛋白质21.55%、粗脂肪2.42%、粗纤维14.09%，无氮浸出物49.08%、粗灰分12.86%，钙1.11%、总磷0.68%。青干草为牛、马和羊喜食，煮熟后为猪喜食。

40.垂果南芥

属名：南芥属 *Arabis* L.

拉丁名：*Arabis pendula* L.

别名：毛果南芥、疏毛垂果南芥、粉绿垂果南芥

形态特征：2年生草本植物，高达1 m。基生叶开花结果时脱落；茎下部叶呈长椭圆形或倒卵形，边缘有浅锯齿；茎上部叶呈窄长椭圆形或披针形。总状花序顶生或腋生，花瓣呈白色匙形。长角果，种子呈褐色椭圆形，每室有1行种子。花期6—9月，果期7—10月。

分布地区：青海省玉树州玉树市、囊谦县，果洛州班玛县，黄南州泽库县，海南州兴海县、同德县，西宁市大通县，海东市民和县、互助县；西藏自治区昌都市，林芝市巴宜区、米林市、波密县，山南市隆子县。

药用部位：果实入药。

饲用价值：良等饲用植物。营养品质优，适口性良好。营养期含粗蛋白质19.22%、粗脂肪2.55%、粗纤维19.86%、无氮浸出物39.20%、粗灰分19.17%，钙0.47%、总磷0.08%。各类家畜较喜食。

41. 独行菜

属名：独行菜属 *Lepidium* L.

拉丁名：*Lepidium apetalum* Willd.

别名：腺茎独行菜、辣辣菜、羊拉罐

形态特征：1年或2年生草本植物，高5～30 cm。茎直立，有分枝，被头状腺毛。基生叶呈窄匙形，具有1回羽状浅裂或深裂；茎生叶向上，呈窄披针形至线形，疏齿或全缘。总状花序，萼片呈卵形，早落；花瓣无或退化成丝状。短角果，种子呈红棕色椭圆形。花果期5—7月。

分布地区：青海省各地；西藏自治区拉萨市，昌都市，林芝市巴宜区、波密县，那曲市班戈县、安多县，阿里地区普兰县。

药用部位：种子入药。

饲用价值：良等饲用植物。营养品质中等，具有辛辣味，适口性一般。果期含粗蛋白质6.51％、粗脂肪4.87％、粗纤维25.32％、无氮浸出物52.82％、粗灰分10.48％，钙1.41％、总磷0.29％。青绿时期，除猪较喜食外，各类家畜均采食，但采食率不高；经霜后，牛、羊和骆驼喜食。青贮可改善适口性，也可调制青干草。

42.宽叶独行菜

属名：独行菜属 *Lepidium* L.

拉丁名：*Lepidium latifolium* L.

别名：光果宽叶独行菜、大辣辣

形态特征：多年生草本植物，高30～120 cm。全株呈蓝绿色，无毛。茎直立，上部多分枝，基部半木质化。叶厚实近肉质，呈卵形或长圆状披针形。圆锥总状花序小而多，花瓣呈白色长圆形，具短爪。短角果，种子呈褐色卵形。花期5—7月，果期7—9月。

分布地区：青海省西宁市，海西州都兰县，海南州共和县、贵德县、贵南县，海东市民和县；西藏自治区阿里地区日土县、札达县。

药用部位：全草入药。

饲用价值：中等饲用植物。营养品质优，适口性一般。现蕾期含粗蛋白质25.74%、粗脂肪2.76%、粗纤维16.08%、无氮浸出物47.14%、粗灰分8.28%，钙1.41%、总磷0.29%。青绿时期，叶肉厚、纤维少、消化率高，猪、羊喜食，牛、马等大家畜通常不采食。适宜在开花前期收获利用或放牧利用，是常见的盐碱地饲用植物。

43.播娘蒿

属名：播娘蒿属 *Descurainia* Webb et Berthel.

拉丁名：*Descurainia sophia* (L.) Webb ex Prantl

别名：腺毛播娘蒿

形态特征：1年生草本植物，高20～80 cm。全株被星状毛。茎呈淡紫色，直立，多分枝。叶大部分茎生，窄卵形，有2～4回羽状全裂，先端急尖。总状花序，花小而多，花瓣呈黄色匙形。长角果呈线形，种子呈褐色长圆形，稍扁。花果期5—9月。

分布地区：青海省各地；西藏自治区拉萨市，山南市乃东区，那曲市索县、嘉黎县，林芝市巴宜区、米林市、波密县，昌都市卡若区、类乌齐县、八宿县、左贡县、芒康县，阿里地区普兰县。

药用部位：种子入药。

饲用价值：低等饲用植物。营养品质中等，适口性差。结实期含粗蛋白质15.64%、粗脂肪3.57%、粗纤维27.36%、无氮浸出物45.57%、粗灰分7.86%，钙1.54%、总磷0.33%。株型高大、单株产量高，但茎秆粗硬、质地较粗糙。青绿时期，牛、羊采食少。

44.涩芥

属名：涩芥属 *Malcolmia* R. Br.

拉丁名：*Malcolmia africana* (L.) R. Br.

别名：硬果涩荠、马康草、离蕊芥、千果草、麦拉拉

形态特征：2 年生草本植物，高 10 ~ 40 cm。茎多分枝，密被分叉毛或单毛。叶呈长圆形、椭圆形或倒披针形，边缘有波状齿或近全缘。花瓣呈粉红色或紫红色。长角果呈线状圆柱形，密生长短混杂的分枝毛或叉毛。花果期 4—8 月。

分布地区：青海省西宁市，玉树州，黄南州尖扎县、同仁市、泽库县，海西州都兰县，海南州兴海县、同德县，海北州祁连县，海东市民和县、互助县；西藏自治区林芝市巴宜区、米林市，山南市隆子县。

药用部位：种子入药。

饲用价值：中等饲用植物。营养品质良，适口性良好。花期含粗蛋白质 15.98%、粗脂肪 3.55%、粗纤维 18.89%、无氮浸出物 46.18%、粗灰分 15.40%、钙 2.81%、总磷 0.44%。开花前，山羊、绵羊、牛、猪和兔均喜食，马、驴和骡采食；结实后因辛辣味加重，适口性变差，只有羊少量采食花和果实。粉碎后配合适量精饲料，可饲喂猪、鸡和鸭。

十二、景天科 Crassulaceae

45.瓦松

属名：瓦松属 Orostachys (DC.) Fisch.

拉丁名：*Orostachys fimbriata* (Turcz.) A. Berger

别名：向天草、瓦花、天王铁塔草、流苏瓦松

形态特征：2年生草本植物。生长第1年叶呈白色半圆形，莲座丛生，较短且有齿；生长第2年花茎高10～20 cm，叶互生，呈线形至披针形，有刺。花序总状紧密，呈金字塔形，花瓣呈红色披针状椭圆形。蓇葖果实呈长圆形，种子呈卵形，多且细小。花期8—9月，果期9—10月。

分布地区：青海省西宁市，玉树州治多县，黄南州同仁市，海西州都兰县、乌兰县，海南州贵南县、贵德县，海东市乐都区、循化县、互助县，海北州门源县。

药用部位：全草入药。

饲用价值：中等饲用植物。营养品质中等，富含脂类物质和矿物质。花期含粗蛋白质8.03%、粗脂肪5.43%、粗纤维26.34%、无氮浸出物31.51%、粗灰分28.69%，钙3.14%、总磷0.16%。青绿时期汁液丰富，为羊所喜食。

十三、蔷薇科 Rosaceae

46. 龙芽草

属名：龙牙草属 *Agrimonia* L.

拉丁名：*Agrimonia pilosa* Ledeb.

别名：龙牙草、仙鹤草、金顶龙芽、石打穿、施州龙芽草、毛脚茵、老鹳嘴

形态特征：多年生草本植物。根状茎短，基部常有1至数个地下芽；茎高达1.2 m，被疏柔毛及短柔毛。常有3～4对小叶，呈倒卵形至倒卵状披针形，具锯齿。穗状总状花序顶生，花瓣呈黄色长圆形。瘦果呈倒卵状圆锥形，顶端有数层钩刺。花果期5—12月。

分布地区：青海省玉树州，果洛州班玛县，黄南州泽库县，西宁市湟中区、大通县，海东市乐都区、循化县、民和县、互助县，海北州门源县；西藏自治区林芝市波密县。

药用部位：冬芽和全草入药。

饲用价值：良等饲用植物。营养品质良，适口性好。结实期含粗蛋白质10.67%、粗脂肪2.58%、粗纤维20.73%、钙1.97%、总磷0.98%。现蕾期前，牛喜食，马和羊乐食。调制的干草，马、牛和羊喜食。

47.二裂委陵菜

属名：委陵菜属 *Potentilla* L.

拉丁名：*Potentilla bifurca* L.

形态特征：多年生草本植物或亚灌木，高5 ～ 20 cm。茎直立或上升，被稀疏的柔毛或硬毛。基生叶为羽状复叶，小叶对生或互生，无柄，呈椭圆形或倒卵状椭圆形，先端常有2浅裂。聚伞花序顶生，花瓣5枚，呈黄色宽卵形。瘦果呈褐色近椭圆形，表面光滑。花果期5—9月。

分布地区：青海省各地；西藏自治区昌都市卡若区、八宿县，林芝市波密县，日喀则市江孜县、萨迦县、萨嘎县，阿里地区札达县，那曲市双湖县。

药用部位：带根的全草入药。

饲用价值：良等饲用植物。营养品质良，适口性好。营养期含粗蛋白质14.95%、粗脂肪5.34%、粗纤维14.55%、无氮浸出物54.46%、粗灰分10.7%、钙1.27%、总磷0.13%。植株低矮，再生性强、耐践踏，适宜放牧利用。山羊和绵羊喜食，骆驼、马和牛乐食。

48.鹅绒委陵菜

属名：委陵菜属 *Potentilla* L.

拉丁名：*Potentilla anserina* L.

别名：蕨麻委陵菜、无毛蕨麻、灰叶蕨麻、蕨麻、人参果

形态特征：多年生草本植物。茎匍匐。基生叶为间断羽状复叶，小叶呈附片状椭圆形、卵状披针形或长椭圆形，多数有尖锐锯齿，上面被疏柔毛或近无毛，下面密被银白色绢毛；茎生叶较少。单花腋生，花瓣呈黄色倒卵形。瘦果呈褐色。花果期4—9月。

分布地区：青海省各地。

药用部位：根（蕨麻）入药。

饲用价值：中等饲用植物。营养品质良，适口性良好。花期含粗蛋白质17.54%、粗脂肪2.88%、粗纤维12.59%、无氮浸出物48.59%、粗灰分18.40%，钙1.43%、总磷0.42%。匍匐型牧草，适宜放牧利用，羊、骡和牛均乐食。块根富含淀粉，可作精饲料。

49. 朝天委陵菜

属名：委陵菜属 *Potentilla* L.

拉丁名：*Potentilla supina* L.

别名：铺地委陵菜、仰卧委陵菜、鸡毛菜

形态特征：1年或2年生草本植物，高10～15 cm。茎平卧，上升或直立。基生叶为3出复叶或羽状复叶，小叶3～11枚，呈长圆形或倒卵状长圆形，边缘具钝圆或缺刻状锯齿。伞房状聚伞花序顶生或单花腋生，花瓣呈黄色倒卵形，与萼片近等长或较短。瘦果呈长圆形，表面有脉纹。花果期3—10月。

分布地区：青海省西宁市；西藏自治区拉萨市，林芝市。

药用部位：全草入药。

饲用价值：中等饲用植物。营养品质中等，适口性良好。花期含粗蛋白质12.41%、粗脂肪3.83%、粗纤维23.23%、无氮浸出物50.53%、粗灰分10.0%，钙1.74%、总磷0.33%。草甸草原耐牧型牧草，适宜在早春和晚秋放牧利用，尤为羊喜食。

50. 多裂委陵菜

属名：委陵菜属 *Potentilla* L.

拉丁名：*Potentilla multifida* L.

别名：细叶委陵菜

形态特征：多年生草本植物，高10～40 cm。茎被柔毛。基生叶为奇数羽状复叶，小叶7～11枚，呈长圆形或宽卵形，边缘羽状深裂且向下反卷，被毛。伞房状聚伞花序，萼片呈三角状卵形，花瓣呈黄色倒卵形，较萼片长。瘦果平滑或具皱纹。花期5—8月。

分布地区：青海省西宁市，玉树州玉树市、称多县，黄南州尖扎县、同仁市，海南州共和县、贵德县，海东市乐都区、互助县，海北州祁连县、门源县；西藏自治区林芝市巴宜区、波密县，昌都市贡觉县、芒康县，山南市隆子县、错那市，日喀则市定日县、聂拉木县、吉隆县，那曲市比如县、巴青县、班戈县，阿里地区普兰县、改则县、噶尔县。

药用部位：带根的全草入药。

饲用价值：中等饲用植物。营养品质中等，茎叶柔软无毛，适口性好。花期含粗蛋白质10.86%、粗脂肪5.26%、粗纤维19.97%、无氮浸出物53.91%、粗灰分10.00%，钙2.40%、总磷0.21%。以放牧利用为主，各类家畜喜食。

51.多茎委陵菜

属名：委陵菜属 *Potentilla* L.

拉丁名：*Potentilla multicaulis* Bunge

别名：猫爪子

形态特征：多年生草本植物，高4～15 cm。茎多而密，常呈暗红色被白色柔毛。基生叶为羽状复叶，叶柄暗红色，小叶无柄，叶上面为绿色下面被白色茸毛，呈椭圆形至倒卵形，边缘羽状深裂。聚伞花序多花，花瓣呈黄色倒卵形或近圆形。瘦果呈卵球形，有皱纹。花果期4—9月。

分布地区：青海省海西州格尔木市、茫崖市，海南州共和县；西藏自治区昌都市芒康县，那曲市班戈县、双湖县，阿里地区日土县。

药用部位：全草入药。

饲用价值：中等饲用植物。营养品质中等，适口性好。果期含粗蛋白质8.39%、粗脂肪3.40%、粗纤维23.75%、无氮浸出物46.48%、粗灰分17.98%，钙1.40%、总磷0.41%。花期叶和花占比较大，质地柔软，牛、羊最喜食，马乐食。耐践踏，适宜放牧利用。

52.金露梅

属名：委陵菜属 *Potentilla* L.

拉丁名：*Potentilla fruticose* L.

别名：棍儿茶、药王茶、金蜡梅、金老梅、格桑花

形态特征：落叶灌木，高达2 m。小枝呈红褐色，幼时被长柔毛。羽状复叶，小叶呈长圆形、倒卵状长圆形或卵状披针形，边缘平或稍反卷，先端急尖。花单生或数朵成伞房状花序，花梗被绢毛，花瓣呈黄色宽倒卵形。瘦果呈褐棕色近卵圆形。花果期6—9月。

分布地区：青海省各地；西藏自治区林芝市巴宜区、察隅县，那曲市比如县，日喀则市亚东县、聂拉木县、吉隆县。

药用部位：根、茎、叶和花入药。

饲用价值：中等饲用植物。营养品质良，适口性良好。花期含粗蛋白质10.91%，粗脂肪5.46%、粗纤维24.11%、无氮浸出物53.45%、粗灰分6.07%，钙0.61%、总磷0.06%。春夏季，马乐食，山羊、绵羊一般采食；秋冬季，山羊、绵羊乐食；四季均为骆驼喜食。适宜夏秋季放牧，冬春季以干草利用为主，也可作猪饲料。

53. 小叶金露梅

属名：委陵菜属 *Potentilla* L.

拉丁名：*Potentilla parvifolia* Fisch.

形态特征：灌木，高达 1.5 m。分枝多，树皮纵向剥落。小枝呈灰或灰褐色，幼时被灰白色柔毛或绢毛。羽状复叶，小叶呈绿色披针形、带状或倒卵状披针形，有 5 ~ 7 枚，边缘全缘，反卷，被绢毛。单花或数朵顶生，花瓣呈黄色宽倒卵形，顶端微凹或圆钝。瘦果被毛。花果期 6—8 月。

分布地区：青海省各地；西藏自治区拉萨市尼木县，昌都市察雅县、八宿县、洛隆县，那曲市比如县、索县、班戈县、双湖县，林芝市工布江达县，日喀则市南木林县、定日县、聂拉木县、吉隆县、萨嘎县、仲巴县，阿里地区普兰县、札达县、革吉县、噶尔县、日土县。

药用部位：花和叶入药。

饲用价值：中等饲用植物。营养品质中等，叶量大、适口性良好。花期含粗蛋白质 13.56%、粗脂肪 3.25%、粗纤维 19.22%、无氮浸出物 60.14%、粗灰分 3.83%，钙 1.01%、总磷 0.75%。春夏季，山羊和牦牛喜食嫩枝、叶及花；秋季，山羊乐食，绵羊采食；冬季枯草保存率高，适宜山羊和绵羊放牧利用。

54. 山杏

属名：杏属 *Armeniaca* Mill.

拉丁名：*Armeniaca sibirica* (L.) Lam.

别名：西伯利亚杏

形态特征：灌木或小乔木，高2～5 m。树皮呈暗灰色，小枝无毛。叶呈卵形或近圆形，先端长渐尖至尾尖。花单生，花萼呈紫红色，花瓣呈白或粉红色，近圆形或倒卵形。果实成熟时呈黄色或橘红色扁球形，被短柔毛；果肉酸涩，种仁味苦。花期3—4月，果期6—7月。

分布地区：青海省西宁市湟中区，海南州贵德县，海东市乐都区、民和县。

药用部位：种仁入药。

饲用价值：低等饲用植物。营养品质中等，适口性一般。嫩叶含粗蛋白质7.66%、粗脂肪6.30%、粗纤维18.89%、无氮浸出物56.00%、粗灰分11.15%，钙1.26%、总磷0.09%。嫩枝嫩叶为牛、羊、马、猪和兔乐食。青干叶也可饲用。

十四、豆科 Leguminosae

55. 马衔山黄芪

属名：黄芪属 *Astragalus* L.

拉丁名：*Astragalus mahoschanicus* Hand.-Mazz.

别名：马衔山黄耆

形态特征：多年生草本植物，高 15 ～ 40 cm。茎细弱，被白色和黑色伏贴柔毛。羽状复叶，小叶 9 ～ 19 枚，呈卵形至长圆状披针形。总状花序密集，生花 15 ～ 40 朵，花冠呈黄色，旗瓣呈长圆形。荚果呈球状，种子呈栗褐色肾形。花期 6—7 月，果期 7—8 月。

分布地区：青海省西宁市，海东市，玉树州，黄南州，海北州，海南州，果洛州，海西州都兰县。

药用部位：全草入药。

饲用价值：良等饲用植物。营养品质优，适口性好。盛花期含粗蛋白质 21.1%、粗脂肪 2.2%、粗纤维 15.0%、无氮浸出物 54.1%、粗灰分 7.6%、钙 1.1%、总磷 0.22%。茎枝柔软，青绿鲜草和青干草均为各类家畜喜食。

56.糙叶黄芪

属名：黄芪属 *Astragalus* L.

拉丁名：*Astragalus scaberrimus* Bunge

别名：春黄芪、粗糙紫云英、春黄耆、糙叶黄耆

形态特征：多年生草本植物。根状茎短缩，多分枝，密被白色伏贴毛。羽状复叶，小叶7～15枚，呈椭圆形或近圆形，有时披针形。总状花序生花3～5朵，花梗极短，苞片较花梗长，花冠呈淡黄色或白色。荚果呈披针状长圆形，有短喙。花期4—8月，果期5—9月。

分布地区：青海省西宁市。

药用部位：主根入药。

饲用价值：良等饲用植物。营养品质优，适口性良好。花期含粗蛋白质25.62%、粗脂肪2.15%、粗纤维29.84%、无氮浸出物27.27%、粗灰分15.12%，钙1.73%、总磷0.43%及胡萝卜素63.59 mg/kg。春季开花时，绵羊、山羊喜食嫩叶和花，采食率可达80%；结实期荚果亦被喜食。

57.云南黄芪

属名：黄芪属 *Astragalus* L.

拉丁名：*Astragalus yunnanensis* Franch.

别名：云南黄耆

形态特征：多年生草本植物。根粗壮，地上茎短缩。基生叶为羽状复叶，小叶呈卵形或近圆形。总状花序生花5 ~ 12朵，花梗生于基部叶腋，散生白色细柔毛。荚果被褐色柔毛呈狭卵形，长约20 mm，宽8 ~ 10 mm，果颈与萼筒近等长。花期6月下旬，果期8月。

分布地区：西藏自治区拉萨市，昌都市江达县，林芝市察隅县，日喀则市吉隆县。

药用部位：根入药。

饲用价值：良等饲用植物。营养品质良，适口性好。叶含粗蛋白质11.81%、粗脂肪3.60%、粗纤维21.68%、无氮浸出物55.75%、粗灰分7.16%、钙0.73%、总磷0.20%。质地柔软，为各类家畜喜食。

58.斜茎黄芪

属名：黄芪属 *Astragalus* L.

拉丁名：*Astragalus adsurgens* Pall.

别名：沙打旺、直立黄芪、斜茎黄耆、直立黄耆

形态特征：多年生草本植物，高20～60 cm。茎直立或斜升，多分枝。羽状复叶，小叶疏被白色丁字毛，呈卵状椭圆形或矩圆形，全缘。总状花序密而多，花萼钟状，被黑色或混生白色丁字毛，花冠呈蓝紫色或紫红色。荚果呈长圆形，被黑或混生白色毛。花期6—8月，果期8—10月。

分布地区：青海省西宁市，海东市，果洛州，海西州，黄南州，海北州，海南州。

药用部位：种子入药。

饲用价值：良等饲用植物。营养品质优，适口性好。盛花期含粗蛋白质21.18%、粗脂肪1.82%、粗纤维31.93%、无氮浸出物35.15%、粗灰分9.92%。开花前为牛、马和羊喜食，开花后茎秆老化，适口性略有下降。嫩茎嫩叶切碎或打浆可作为猪饲料。

59. 蒙古黄芪

属名：黄芪属 *Astragalus* L.

拉丁名：*Astragalus mongholicus* Bunge

别名：蒙古黄耆、膜荚黄耆、木黄芪、紫花黄耆

形态特征：多年生草本植物，高50～100 cm。茎直立，多分枝。羽状复叶，小叶13～27枚，呈椭圆形或长圆状卵形。总状花序稍密，生花10～20朵，花萼呈钟状，常被白色或黑色柔毛，花冠呈黄色或淡黄色。荚果呈半椭圆形，有3～8粒种子。花期6—8月，果期7—9月。

分布地区：青海省西宁市湟中区、大通县，海东市循化县，黄南州泽库县，海南州同德县，果洛州班玛县。

药用部位：根入药。

饲用价值：中等饲用植物。营养品质优，适口性一般。开花末期含粗蛋白质26.1%、粗脂肪2.5%、粗纤维19.3%、无氮浸出物37.8%、粗灰分14.3%。牛、羊和驴均采食。

60.鬼箭锦鸡儿

属名：锦鸡儿属 *Caragana* Fabr.

拉丁名：*Caragana jubata* (Pall.) Poir.

别名：鬼箭愁

形态特征：多刺矮灌木，高1～2 m。茎多刺，基部分枝。偶数羽状复叶，小叶4～6对，长5～7 cm，密集于枝上部。花单生，花梗极短，基部有关节；花萼长l4～17 mm，密生长柔毛。荚果呈长椭圆形，长约3 cm，宽约7 mm。花期5—7月，果期7—8月。

分布地区：青海省海东市，海北州，黄南州，海南州，果洛州，玉树州，西宁市大通县；西藏自治区拉萨市，昌都市卡若区、左贡县、八宿县、洛隆县，林芝市察隅县、波密县、朗县，那曲市索县、嘉黎县，山南市洛扎县、隆子县、浪卡子县，日喀则市定日县、吉隆县。

药用部位：根、枝和叶入药。

饲用价值：中等饲用植物。营养品质中等，适口性良好。花期含粗蛋白质12.85%、粗脂肪3.16%、粗纤维27.53%、无氮浸出物51.05%、粗灰分5.41%，钙1.30%、总磷0.17%。青绿时期的嫩枝、叶及花，为绵羊、山羊和牛喜食，马乐食；秋季的枝叶及上部茎皮，为鹿采食。

61.藏锦鸡儿

属名：锦鸡儿属 *Caragana* Fabr.

拉丁名：*Caragana tibetica* Kom.

别名：康青锦鸡儿、西藏锦鸡儿、毛刺锦鸡儿、黑毛头刺

形态特征：丛生矮灌木，高 15 ～ 30 cm。枝条外皮呈灰黄色或灰褐色，短而密，多裂纹。小叶 6 ～ 8 枚，羽状排列，呈卵形或近圆形。花单生，密被灰白色长柔毛，长 20 ～ 25 mm，花冠呈黄色蝶形。荚果短，呈椭圆形，内密生毡毛或外被长柔毛。花期 5—6 月，果期 7 月。

分布地区：青海省西宁市，海西州格尔木市，玉树州，海南州，海东市乐都区；西藏自治区日喀则市定结县、定日县、萨迦县。

药用部位：根和花入药。

饲用价值：中等饲用植物。营养品质中等，适口性一般。营养期含粗蛋白质 10.46%、粗脂肪 1.11%、粗纤维 25.56%、无氮浸出物 45.32%、粗灰分 17.55%，钙 1.26%、总磷 0.60%。春季，山羊、绵羊喜食嫩叶和花；冬季，马少量采食枝条和叶，牛一般不采食。

62.柠条锦鸡儿

属名：锦鸡儿属 *Caragana* Fabr.

拉丁名：*Caragana korshinskii* Kom.

别名：柠条、白柠条、毛条

形态特征：灌木，高1～2 m。枝条外皮呈金黄色，具光泽，细长。小叶6～8对，呈倒披针形或矩圆状倒披针形，有短刺尖，密被伏生绢毛。花单生，花萼密被伏生短柔毛，花冠呈黄色。荚果扁呈披针形，顶端短渐尖，长2～3.5 cm。花期5月，果期6月。

分布地区：青海省西宁市，海东市互助县、民和县。

药用部位：根、花和种子入药。

饲用价值：良等饲用植物。营养品质良，适口性好。花期含粗蛋白质15.13%、粗脂肪2.63%、粗纤维39.67%、无氮浸出物37.18%、粗灰分5.39%，钙2.31%、总磷0.32%；种子含粗蛋白质27.4%、淀粉31.6%。幼嫩枝叶和花为绵羊、山羊和骆驼乐食，秋季经霜后更为喜食；马和牛采食较少。生产中常将平茬收获的柠条加工成草粉；荚果和种子也可加工利用，作为牛羊等草食家畜的优良饲料。柠条草场一年四季均可放牧利用。因柠条富含缩合单宁，动物采食后有利于降低血液胆固醇浓度。

63. 甘草

属名：甘草属 *Glycyrrhiza* L.

拉丁名：*Glycyrrhiza uralensis* Fisch. ex DC.

别名：乌拉尔甘草、甜草根、甜草、红甘草、粉甘草

形态特征：多年生草本植物，高 30 ~ 120 cm。根状茎粗壮，直立。托叶呈三角状披针形，小叶呈卵形、长卵形或近圆形，5 ~ 17 枚，长 1.5 ~ 5.0 cm，宽 0.8 ~ 3.0 cm。总状花序多花。荚果弯曲，呈镰刀状或环状，密集成球。种子呈圆形或肾形，长约 3 mm。花期 6—8 月，果期 7—10 月。

分布地区：青海省西宁市，海东市，海南州，海西州，黄南州尖扎县。

药用部位：根和根状茎入药。

饲用价值：良等饲用植物。营养品质优，青绿期单宁含量较高、适口性一般。现蕾期含粗蛋白质 24.72%、粗脂肪 6.96%、粗纤维 25.82%、无氮浸出物 31.87%、粗灰分 10.63%、钙 1.18%、总磷 0.41%。现蕾期前，骆驼乐食，山羊和绵羊少量采食；干枯后，羊、马和骆驼均喜食，羊尤其喜食荚果；冬季，牛乐食。可调制干草。

64.天蓝苜蓿

属名：苜蓿属 *Medicago* L.

拉丁名：*Medicago lupulina* L.

别名：杂花苜蓿

形态特征：1年、2年或多年生草本植物，高15～60 cm。主根浅，须根发达。茎平卧或上升，多分枝。羽状复叶，小叶呈倒卵形或倒心形，长5～20 mm，宽4～16 mm。花序小，头状，生花10～20朵。荚果呈肾形，种子呈褐色卵形，表面平滑。花期7—9月，果期8—10月。

分布地区：青海省西宁市，海东市，海北州，海南州，黄南州，果洛州，玉树州；西藏自治区拉萨市，昌都市芒康县，林芝市巴宜区、米林市、波密县，日喀则市桑珠孜区、谢通门县，山南市乃东区、隆子县。

药用部位：全草入药。

饲用价值：优等饲用植物。营养品质优，适口性好。营养期含粗蛋白质28.92%、粗脂肪2.97%、粗纤维29.53%、无氮浸出物26.83%、粗灰分11.75%。草产量不高，但草的质量好，营养丰富，四季均为各类家畜喜食。

65.黄香草木樨

属名：草木樨属*Melilotus* Mill.

拉丁名：*Melilotus officinalis* (L.) Desr.

别名：草木樨、黄花草木樨、辟汗草

形态特征：1年或2年生草本植物。茎直立，高50～200 cm。托叶呈三角状披针形，小叶呈椭圆形至狭矩圆状倒披针形。总状花序腋生多朵花。荚果呈卵圆形，被极疏的毛，顶端有宿存花柱和明显的网脉。种子呈浅绿黄色长圆形。花期6—8月，果期8—9月。

分布地区：青海省西宁市，海东市乐都区；西藏自治区林芝市巴宜区、波密县，昌都市八宿县。

药用部位：全草入药。

饲用价值：良等饲用植物。营养品质优，适口性好。盛花期含粗蛋白质17.84%、粗脂肪2.59%。鲜嫩枝叶及青干草，各类家畜都喜食；结实期因含有浓烈的香豆素苦味，采食率大大降低，需搭配其他饲料饲喂。

66. 白花草木樨

属名：草木樨属 *Melilotus* Mill.

拉丁名：*Melilotus albus* Desr.

别名：白甜车轴草

形态特征：1年或2年生草本植物，高0.5 ~ 1.0 m。茎直立，多分枝。托叶呈锥状，羽状3出复叶，小叶呈椭圆形或披针状椭圆形，边缘有锯齿。总状花序腋生，萼齿呈三角状披针形，花冠为白色。荚果呈卵球形，无毛，具网纹和细长喙。种子呈黄褐色肾形。花期5—7月，果期7—9月。

分布地区：青海省西宁市，海东市，黄南州。

药用部位：全草入药。

饲用价值：优等饲用植物。营养品质优，适口性良好。营养期含粗蛋白质22.20%、粗脂肪6.72%、粗纤维23.74%、无氮浸出物37.46%、粗灰分9.88%，钙2.04%、总磷0.26%。适宜在幼嫩时期放牧利用或晒制干草，牛、羊喜食。切碎或打浆后喂猪效果较好。开花期和结实期香豆素含量高，家畜利用较少。

67.苦马豆

属名：苦马豆属 *Sphaerophysa* DC

拉丁名：*Sphaerophysa salsula* (Pall.) DC.

别名：红花苦豆子、红苦豆、苦黑子、泡泡豆、羊吹泡、鸦食花

形态特征：半灌木或多年生草本植物，高0.3～0.6 m。茎直立或下部匍匐。枝条开展，具纵棱脊，被灰白色"丁"字毛。托叶渐小呈线状披针形、三角形至钻形。总状花序常较叶长。荚果膨胀呈椭圆形至卵圆形，长1.7～3.5 cm，直径1.7～1.8 cm。种子呈肾形至近半圆形，长约2.5 mm。花期5—8月，果期6—9月。

分布地区：青海省海东市，黄南州，海南州，海西州。

药用部位：果实、根及全草入药。

饲用价值：中等饲用植物。营养品质良，球豆碱等生物碱含量较高，适口性一般。花期含粗蛋白质25.23％、粗脂肪4.20％、粗纤维26.52％、无氮浸出物33.83％、粗灰分10.22％、钙1.43％、总磷0.15％。生长期不被家畜采食；经霜的干草是羊、牛和骆驼的良等牧草。

68. 米口袋

属名：米口袋属 *Gueldenstaedtia* Fisch.

拉丁名：*Gueldenstaedtia verna* (Georgi) Boriss.

别名：少花米口袋、多花米口袋、小米口袋、紫花地丁

形态特征：多年生草本植物，高约10 cm。根稍木质化，茎极短。托叶呈三角形，被白色长柔毛，基部合生；奇数羽状复叶，小叶被长柔毛呈宽椭圆形或卵形。伞形花序生花2～8朵，花冠为紫色或紫红色。荚果呈圆筒状，种子呈肾形，表面有光泽。花期5—6月，果期6—9月。

分布地区：青海省海东市民和县。

药用部位：全草入药。

饲用价值：良等饲用植物。低矮旱生牧草，具有耐干旱、适应性强、再生性强的特点。幼嫩茎叶为绵羊和山羊采食，荚果尤为其喜食。

69.披针叶黄华

属名：野决明属 *Thermopsis* R. Br.

拉丁名：*Thermopsis lanceolata* R. Br.

别名：披针叶野决明、苦豆子、牧马豆、东方野决明

形态特征：多年生草本植物，高 10 ~ 40 cm。匍匐根状茎，茎直立。托叶呈卵状披针形，小叶常对折呈倒披针形。总状花序顶生，花大，苞片呈卵状披针形；花冠黄色，旗瓣呈近圆形。荚果扁平偶有膨胀，种子呈黑褐色肾形或圆形。花期5—7月，果期6—10月。

分布地区：青海省大部分地区；西藏自治区拉萨市林周县，昌都市丁青县、贡觉县，林芝市朗县，日喀则市桑珠孜区、康马县、江孜县、亚东县、吉隆县、定日县、聂拉木县、拉孜县、萨嘎县，那曲市申扎县、班戈县。

药用部位：全草入药。

饲用价值：中等饲用植物。营养品质良，含有生物碱，适口性一般。营养期含粗蛋白质25.42%、粗脂肪2.26%、粗纤维27.11%、无氮浸出物38.52%、粗灰分6.69%，钙2.33%、总磷1.47%。质地柔软，叶量大，早春和晚秋时羊、牛和骆驼乐食枝叶和荚果。

70. 多茎野豌豆

属名：野豌豆属 *Vicia* L.

拉丁名：*Vicia multicaulis* Ledeb.

别名：豆豌豌

形态特征：多年生草本植物，高 10 ~ 50 cm。根茎粗壮，茎多分枝，被微柔毛或近无毛，有棱。偶数羽状复叶。总状花序较叶长，疏生花 14 ~ 15 朵，长 1.3 ~ 1.8 cm。荚果扁，呈棕黄色，长 3 ~ 3.5 cm，先端具喙。种子扁圆，直径 0.3 cm。花果期 6—9 月。

分布地区：青海省玉树州，果洛州玛沁县，海南州同德县；西藏自治区昌都市江达县、丁青县、洛隆县，那曲市比如县、索县、巴青县。

药用部位：全草入药。

饲用价值：良等饲用植物。营养品质良，适口性良好。结实期含粗蛋白质 14.16%、粗脂肪 2.09%、粗纤维 35.64%、无氮浸出物 43.04%、粗灰分 5.07%，钙 2.03%、总磷 0.12%。秋季为羊乐食。

71.东方野豌豆

属名：野豌豆属 *Vicia* L.

拉丁名：*Vicia japonica* A. Gray

别名：日本野豌豆

形态特征：多年生草本植物，高60～120 cm。茎匍匐、蔓生或攀缘，有棱。偶数羽状复叶，小叶5～8对，呈椭圆形。总状花序生花7～15朵，花冠为蓝色或紫色，被长柔毛。荚果顶端有喙，有1～3粒种子。种子呈黑褐色扁圆球形，种脐呈线形。花果期6—9月。

分布地区：青海省玉树州，果洛州久治县，黄南州河南县，海南州兴海县。

药用部位：全草入药。

饲用价值：优等饲用植物。营养品质优，适口性好。花期含粗蛋白质21.69%、粗脂肪2.22%、粗纤维27.31%、无氮浸出物44.65%、粗灰分4.13%。青绿时期茎叶柔嫩，最为牛和羊喜食。放牧、青饲及调制干草和青贮饲料均可，家畜均喜食。

72.歪头菜

属名：野豌豆属 *Vicia* L.

拉丁名：*Vicia unijuga* A. Br.

别名：山豌豆、偏头草、豆叶菜、豆苗菜

形态特征：多年生草本植物，高40～100 cm。数茎丛生，具棱。叶呈卵状披针形或近菱形，边缘小齿状。总状花序单一，密生花8～20朵，花冠为蓝紫色。荚果扁，呈棕黄色长圆形，成熟时腹背开裂，果瓣扭曲。种子呈扁圆球形，有3～7粒。花期6—7月，果期8—9月。

分布地区：青海省西宁市，黄南州，海东市，果洛州班玛县，海北州刚察县、祁连县、门源县；西藏自治区昌都市贡觉县、江达县。

药用部位：全草入药。

饲用价值：优等饲用植物。营养品质良，适口性好。花期含粗蛋白质14.58%、粗脂肪2.35%、粗纤维35.40%、无氮浸出物41.73%、粗灰分5.94%，钙0.90%、总磷0.13%。叶量大，四季为马、牛和羊喜食。耐践踏，放牧与刈草兼用。

73.青藏扁蓿豆

属名：扁蓿豆属 *Melilotoides* Heist.ex Fabr.

拉丁名：*Melilotoides archiducis-nicolai* (Sirj.) Yakovl.

别名：矩镰荚苜蓿、藏青葫芦巴

形态特征：多年生草本植物，高5～30 cm。茎铺散或斜升，基部多分枝，呈四棱形。托叶有锯齿，小叶近圆形、阔卵形或椭圆形，有短尖。总状花序生花2～5朵，花冠为黄色或白色带紫色。荚果扁平，呈矩圆形至近镰形，无毛有网纹。花期6—7月，果期7—9月。

分布地区：青海省西宁市，海东市。

药用部位：全草入药。

饲用价值：优等饲用植物。营养品质优，适口性好。花期含粗蛋白质20.50%、粗脂肪2.90%、粗纤维19.80%、无氮浸出物48.10%、粗灰分8.70%、钙1.36%、总磷0.18%。茎纤细、叶量大，绵羊、牦牛和马喜食。适合冬春季放牧利用，是一种寒冷地区家畜保膘增重的优质豆科牧草。

74. 红花岩黄芪

属名：岩黄芪属 *Hedysarum* L.

拉丁名：*Hedysarum multijugum* Maxim.

别名：红花岩黄耆、红黄耆、红花羊柴

形态特征：半灌木，高30～100 cm。根和茎下部木质化，茎直立被白色柔毛。奇数羽状复叶，小叶15～35枚，呈椭圆形、卵形或倒卵形，先端钝或微凹。总状花序腋生，花冠为紫红色带黄色斑点。荚果扁平，常有1～3节。花期6—8月，果期7—9月。

分布地区：青海省各地；西藏自治区的西部地区。

药用部位：根入药。

饲用价值：优等饲用植物。营养品质优，适口性好。花期含粗蛋白质20.72%、粗脂肪3.78%、粗纤维16.5%、无氮浸出物50.14%、粗灰分8.86%。全年为牛、羊、马和兔喜食。

75.小花棘豆

属名：棘豆属 *Oxytropis* DC.

拉丁名：*Oxytropis glabra* (Lam.) DC.

别名：醉马草、醉马豆、绊肠草、马绊肠

形态特征：多年生草本植物，高20～80 cm。茎匍匐或斜升，多分枝。羽状复叶，小叶5～23枚，呈披针形、卵状披针形或椭圆形。总状花序腋生，疏生数花至多花；花萼被黑白色相间的毛；花冠为紫色或蓝紫色。荚果膨胀下垂。花期6—9月，果期7—9月。

分布地区：青海省海东市，海西州，海南州，海北州海晏县。

药用部位：全草入药。

饲用价值：有毒，家畜误食会引起中毒死亡。花期含粗蛋白质12.48%、粗脂肪2.25%、粗纤维25.06%、无氮浸出物37.52%、钙1.44%、总磷0.03%。还含有油脂、酚类、生物碱、皂苷、有机酸、多糖、黄酮类和蒽醌类等化合物。研究表明，结荚期苦马豆素含量最高，毒性最大。去除毒性或深加工后，可作为一种潜在的饲料或添加剂。

76.牛枝子

属名：胡枝子属 *Lespedeza* Michx.

拉丁名：*Lespedeza potaninii* Vass.

别名：牛筋子

形态特征：小半灌木，高 20 ～ 50 cm。茎斜升或铺散，具棱，被白色短柔毛。三出复叶，小叶呈矩圆形或披针状矩圆形。总状花序腋生，花冠为淡黄色。荚果被白色柔毛呈倒卵形或长倒卵形，两面凸起，顶端有宿存花柱。花期7—9月，果期9—10月。

分布地区：青海省西宁市，海东市。

药用部位：全草入药。

饲用价值：优等饲用植物。营养品质优，适口性好。营养期含粗蛋白质18.41%、粗纤维26.24%、可消化粗蛋白质16.3%，消化能为9.83 MJ/kg。春末夏初为家畜乐食，嫩枝、叶和花尤为牛、马、绵羊和山羊喜食。以现蕾期至开花期利用为佳。

77.五脉山黧豆

属名：山黧豆属 *Lathyrus* L.

拉丁名：*Lathyrus quinquenervius* (Miq.) Litv.

别名：五脉香豌豆、山黧豆

形态特征：多年生草本植物，高 20 ～ 50 cm。茎直立，有棱和翅。卷须单一，下部叶卷须短，呈针刺状。小叶 1 ～ 3 对，呈椭圆状披针形或线状披针形。总状花序生花 5 ～ 8 朵，花萼被短柔毛呈钟形，花冠为蓝紫色或紫色。荚果呈线形。花期 5—7 月，果期 8—9 月。

分布地区：青海省西宁市，黄南州尖扎县、同仁市，海南州贵德县，海东市。

药用部位：花、种子和全草入药。

饲用价值：优等饲用植物。营养品质优，适口性好。花期含粗蛋白质 24.19%、粗脂肪 2.82%、粗纤维 25.84%、无氮浸出物 37.28%、粗灰分 9.87%。宜在开花期收获利用，调制干草或青贮饲料均可。也可放牧利用，是放牧和刈草兼用型优良牧草。

十五、牻牛儿苗科 Geraniaceae

78. 草地老鹳草

属名：老鹳草属 *Geranium* L.

拉丁名：*Geranium pratense* L.

别名：草甸老鹳草、草原老鹳草

形态特征：多年生草本植物，高 30 ～ 90 cm。根状茎短，茎直立，向上分枝，密被腺毛。叶对生，呈肾状圆形，直径 2.5 ～ 6 cm，有羽状深裂，被柔毛。总花梗腋生或集于茎顶，呈聚伞状，花瓣蓝紫色。蒴果长约 3 cm，被短柔毛和腺毛。花期 6—7 月，果期 7—9 月。

分布地区：青海省玉树州玉树市、杂多县、囊谦县、称多县，果洛州班玛县、玛沁县，黄南州同仁市、泽库县，海西州乌兰县，海南州共和县、兴海县，西宁市大通县，海东市乐都区，海北州祁连县、门源县；西藏自治区昌都市卡若区、类乌齐县，那曲市比如县、索县。

药用部位：全草入药。

饲用价值：中等饲用植物。营养品质中等，适口性一般。初花期风干物含粗蛋白质 10.49%、粗脂肪 1.89%、粗纤维 15.94%、无氮浸出物 55.40%、粗灰分 6.97%，钙 1.15%、总磷 0.49%。叶和花为绵羊、山羊、马和牛喜食，尤其马最为喜食。

十六、蒺藜科 Zygophyllaceae

79. 小果白刺

属名：白刺属 *Nitraria* L.

拉丁名：*Nitraria sibirica* Pall.

别名：西伯利亚白刺、白刺、卡密

形态特征：灌木，高 0.5 ~ 1 m。茎铺散，多分枝。叶呈倒披针形或倒卵状匙形，肉质，4 ~ 6 枚簇生，两面无毛无柄。聚伞花序顶生，呈蝎尾状，花瓣为白色或背面带浅蓝色。核果熟时呈暗红色近球形或椭圆形，长 6 ~ 8 mm。花期 5—6 月，果期 7—8 月。

分布地区：青海省西宁市，海西州格尔木市、德令哈市、茫崖市、都兰县、乌兰县、大柴旦行政区，黄南州尖扎县，海南州共和县、兴海县、贵德县，海东市乐都区、化隆县、循化县、民和县。

药用部位：果实入药。

饲用价值：中等饲用植物。营养品质良，适口性一般。花期含粗蛋白质 22.72%、粗脂肪 3.32%、粗纤维 23.47%、无氮浸出物 41.76%、粗灰分 8.73%，钙 1.42%、总磷 0.18%。嫩枝叶为绵羊和山羊喜食，牛和骆驼采食。

80.白刺

属名：白刺属 *Nitraria* L.

拉丁名：*Nitraria tangutorum* Bobr.

别名：唐古特白刺、酸胖

形态特征：灌木，高 1 ～ 2 m。茎呈灰白色，顶端针刺状，多分枝。嫩叶 2 ～ 3 枚簇生，呈倒披针形或宽倒披针形，密被白毛。聚伞花序顶生，呈蝎尾状，花瓣呈黄白色，花丝长约 1 mm。核果熟时呈深红色卵形，长 8 ～ 12 mm。花期 5—6 月，果期 7—8 月。

分布地区：青海省西宁市，海西州格尔木市、德令哈市、都兰县、乌兰县、大柴旦行政区，海南州共和县、兴海县、贵德县，黄南州同仁市，海东市民和县。

药用部位：果实入药。

饲用价值：中低等饲用植物。营养品质良，适口性一般。果期含粗蛋白质 17.27%、粗脂肪 1.62%。骆驼采食嫩枝和叶，羊乐食成熟的果实，牛、马不采食。

81. 大白刺

属名：白刺属 *Nitraria* L.

拉丁名：*Nitraria roborowskii* Kom.

别名：罗氏白刺、齿叶白刺

形态特征：灌木，高1～2 m。茎平卧，多分枝。叶肉质无柄，常2～3枚簇生，呈倒卵形、宽倒披针形或长圆状匙形，全缘或先端有不规则的2～3齿裂。聚伞花序顶生，呈蝎尾状；花瓣呈黄白色长圆形，有弯曲。核果熟时呈深红色卵球形，长约13 mm，被疏柔毛。花期6月，果期7—8月。

分布地区：青海省西宁市，海西州格尔木市、德令哈市、茫崖市、都兰县、乌兰县、大柴旦行政区，海南州贵德县、贵南县。

药用部位：果实入药。

饲用价值：中等饲用植物。营养品质中等，适口性差。果熟期含粗蛋白质11.64%、粗脂肪4.43%、粗纤维24.38%、无氮浸出物47.18%、粗灰分12.37%，钙0.48%、总磷0.08%。嫩枝和叶是骆驼的好饲料，经霜后的茎叶是羊的好饲料。

82. 多裂骆驼蓬

属名：骆驼蓬属 *Peganum* L.

拉丁名：*Peganum multisectum* (Maxim.) Bobr.

别名：匍根骆驼蓬、臭草、臭牡丹、沙蓬豆豆

形态特征：多年生草本植物，高 20 ～ 70 cm。根粗壮，直伸。茎平卧或斜上升，多分枝。叶互生，呈卵圆形，有 2 ～ 3 回深裂。花与叶对生，花瓣呈黄色或黄白色倒卵状长圆形。蒴果呈近球形，种子呈深褐色近三角形。花期 5—7 月，果期 6—9 月。

分布地区：青海省西宁市，黄南州尖扎县、同仁市，海西州乌兰县，海南州共和县、贵德县，海东市乐都区、循化县和民和县。

药用部位：全草入药。

饲用价值：中等饲用植物。营养品质良，适口性一般。干草含粗蛋白质 12.70%、粗脂肪 3.34%、粗纤维 22.35%、无氮浸出物 44.88%、粗灰分 16.73%。在青绿时期，骆驼喜食，羊、马和驴采食较少；经霜后适口性得到改善，家畜都乐食。草粉经发酵处理后可作猪饲料。调制成干草可作为家畜抗灾保畜的重要牧草。

83. 霸王

属名：驼蹄瓣属 *Zygophyllum* L.

拉丁名：*Zygophyllum xanthoxylon* (Bunge) Maxim.

形态特征：灌木，高 50～100 cm。茎外皮呈淡灰色弯曲状，先端有硬刺尖。叶在老枝上簇生，在幼枝上对生；复叶肉质，有小叶 2 枚，呈条状倒卵形或长匙形。花单生叶腋，花瓣呈黄白色倒卵形，先端钝圆，基部渐狭成爪。蒴果呈近球形，种子呈肾形。花期 4—5 月，果期 7—8 月。

分布地区：青海省西宁市，海西州格尔木市、都兰县、大柴旦行政区，黄南州尖扎县、同仁市，海南州贵德县，海东市乐都区、民和县。

药用部位：根入药。

饲用价值：中等饲用植物。营养品质良，适口性差。嫩果期含粗蛋白质 19.06%、粗脂肪 1.27%、粗纤维 16.92%、无氮浸出物 47.36%、粗灰分 15.39%。骆驼喜食嫩枝嫩叶和花，羊一般采食，牛、马不采食。

十七、柽柳科 Tamaricaceae

84. 红砂

属名：红砂属 *Reaumuria* L.

拉丁名：*Reaumuria songarica* (Pall.) Maxim.

别名：枇杷柴

形态特征：小灌木，株高 10 ～ 80 cm。茎多分枝，树皮片状剥落。叶呈圆柱形，肉质，常 3 ～ 5 枚簇生，长 2 ～ 4 mm。花单生叶腋；花瓣呈粉红色或白色长圆形，内侧有 2 枚鳞片状附属物；有雄蕊 5 ～ 8 枚。蒴果呈纺锤形，成熟时裂成 3 瓣。花期 7—8 月，果期 8—9 月。

分布地区：青海省西宁市，海东市，海西州，海南州。

药用部位：叶和嫩枝入药。

饲用价值：良等饲用植物。营养品质良，适口性一般。分枝期含粗蛋白质 20.04%、粗脂肪 2.43%、粗纤维 23.52%、无氮浸出物 36.00%、粗灰分 18.01%，钙 1.60%、总磷 0.37%。冬春季，羊采食，牛不采食；四季为骆驼喜食，马仅在干枯后少量采食。多盐植物，耐牧性强，是骆驼和羊的度荒牧草。

85.多枝柽柳

属名：柽柳属 *Tamarix* L.

拉丁名：*Tamarix ramosissima* Ledeb.

别名：红柳

形态特征：灌木或小乔木，高1～3 m。老龄茎秆呈暗灰色，木质化。叶呈披针形。总状花序生于当年生枝顶，集成顶生的圆锥花序，长3～5 cm；花盘有5裂。子房呈锥形瓶状，具有3棱。蒴果呈三棱圆锥形瓶状，长3～5 mm。花期5—9月。

分布地区：青海省海西州格尔木市、都兰县、大柴旦行政区。

药用部位：叶、花和嫩枝入药。

饲用价值：中等饲用植物。营养品质中等，适口性差。花期含粗蛋白质13.56%、粗脂肪2.83%、粗纤维21.06%、无氮浸出物49.96%、粗灰分12.59%，钙2.02%、总磷0.20%。青绿时期，骆驼乐食嫩枝，其他家畜不采食；秋冬季，山羊、绵羊采食脱落的细枝，马、牛不采食。

十八、胡颓子科 Elaeagnaceae

86.中国沙棘

属名：沙棘属 *Hippophae* L.

拉丁名：*Hippophae rhamnoides* subsp. *sinensis* Rousi

别名：酸刺、黑刺、酸刺柳、黄酸刺、醋柳

形态特征：灌木或小乔木，高1～4 m，有棘刺。单叶对生，叶片呈条形至条状披针形，先端钝尖，基部楔形，两面被银白色的鳞片。雌雄异株，花小，呈淡黄色。果实呈橙色或橘黄色圆球形，直径5～7 mm，多浆汁。花期4—5月，果期9—10月。

分布地区：青海省各地；西藏自治区林芝市巴宜区、米林市、察隅县、波密县。

药用部位：果实入药。

饲用价值：良等饲用植物。营养品质优，适口性良好。果期含粗蛋白质21.41%、粗脂肪3.41%、粗纤维17.67%、无氮浸出物52.03%、粗灰分5.48%、钙1.13%、总磷0.27%。含多种氨基酸。维生素C含量高，每100 g沙棘鲜叶含42～68 mg维生素C。嫩枝叶最为牛和羊喜食，成熟的果实为马、山羊、绵羊和鹿喜食。

十九、锁阳科 Cynomoriaceae

87.锁阳

属名：锁阳属 *Cynomorium* L.

拉丁名：*Cynomorium songaricum* Rupr.

别名：地毛球、羊锁不拉

形态特征：多年生肉质寄生草本植物，高 15～30 cm。茎呈棕红色圆柱形，基部粗壮。叶互生，呈鳞片状阔卵形或三角形。总状花序呈棒状，花杂性，雌雄同株，雄花呈线形，雌花呈线形至倒披针形。坚果呈球形，被微乳突。花期 5—7 月，果期 6—7 月。

分布地区：青海省海西州格尔木市、乌兰县。

药用部位：除去花的肉质茎入药。

饲用价值：茎富含淀粉，可加工成饲料。

二十、报春花科 Primulaceae

88. 海乳草

属名：海乳草属 *Glaux* L.

拉丁名：*Glaux maritima* L.

别名：西尚

形态特征：多年生草本植物，高 3 ～ 25 cm。茎直立或下部匍伏，有分枝。叶交互对生，有时互生。花单腋生，花梗长 1.5 mm，有时极短；花萼为白色或粉红色；花长约 4 mm，分裂达中部；有雄蕊 5 枚；子房呈卵珠形。蒴果呈卵状球形。花期 6 月，果期 7—8 月。

分布地区：青海省玉树州玉树市、杂多县、曲麻莱县、囊谦县、称多县，果洛州玛多县、班玛县、久治县、玛沁县，黄南州尖扎县、同仁市、泽库县、河南县，海西州天峻县，海南州兴海县、共和县、同德县，海北州祁连县、门源县。

药用部位：全草入药。

饲用价值：中等饲用植物。营养品质中等，适口性良好。花期含粗蛋白质 8.84%、粗脂肪 3.76%、无氮浸出物 42.86%、钙 1.26%。茎细软多汁，羊、兔、猪和禽喜食，马、牛和骆驼采食。

白花丹科 Plumbaginaceae

89. 二色补血草

属名： 补血草属 *Limonium* Mill.

拉丁名： *Limonium bicolor* (Bunge) Kuntze

别名： 二色匙叶草、二色矾松、蝇子架、苍蝇架、苍蝇花、矾松

形态特征： 多年生草本植物，高20～30 cm。叶基生，呈匙形或长圆状匙形，先端钝圆，基部渐狭成扁柄，边缘有细小的突起。花序呈圆锥状，多分枝；穗状花序生花2～3朵；萼檐由粉红色变为白色，间生多数齿形裂片；花冠呈黄色。花期5—7月，果期6—8月。

分布地区： 青海省海东市民和县。

药用部位： 全草入药。

饲用价值： 劣等饲用植物。营养品质中等，适口性差。果后期含粗蛋白质10.07％、粗脂肪8.67％、粗纤维25.90％、无氮浸出物44.66％、粗灰分10.70％，钙0.81％、总磷0.15％。生长期通常不为家畜采食，羊偶尔采食花和叶。

90.黄花补血草

属名：补血草属*Limonium* Mill.

拉丁名：*Limonium aureum* (L.) Hill.

别名：金色补血草、黄花矾松、金匙叶草、黄花苍蝇架、金佛花、石花子

形态特征：多年生草本植物，高10～40 cm。基生叶呈匙形或倒披针形，全缘或有皱褶。花序呈圆锥状，多分枝；穗状花序生于分枝顶端，小穗生花2～3朵；花萼呈漏斗状，萼檐为金黄色，间生裂片多数；花冠呈橙黄色或金黄色。花期6—8月，果期7—8月。

分布地区：青海省西宁市，玉树州，果洛州玛多县，海西州德令哈市、格尔木市、乌兰县、都兰县、大柴旦行政区，海北州门源县、刚察县。

药用部位：全草入药。

饲用价值：中等饲用植物。营养品质良，适口性一般。花期含粗蛋白质13.06%、粗脂肪1.47%、粗纤维33.34%、无氮浸出物41.82%、粗灰分10.31%，钙0.56%、总磷0.15%。幼嫩期，牛喜食，羊乐食，其他家畜很少采食；干枯后，放牧家畜喜食。

二十二 萝藦科 Asclepiadaceae

91. 华北白前

属名：鹅绒藤属 *Cynanchum* L.

拉丁名：*Cynanchum hancockianum* (Maxim.) Iljinski

别名：牛心朴子、老瓜头

形态特征：多年生直立草本植物，高 20 ～ 50 cm。茎或有分枝，被毛。叶对生，呈狭披针形至线形，全缘。聚伞花序腋生，生花 2 ～ 7 朵；花萼 5 深裂，裂片呈卵状长圆形；花冠呈紫红色。蓇葖果双生呈披针形，外果皮有纵纹。花期 5—7 月，果期 6—8 月。

分布地区：青海省黄南州尖扎县，海东市循化县、民和县。

药用部位：全草入药。

饲用价值：低等饲用植物。青绿时期茎叶因含毒素，适口性差，家畜不愿采食；冬季干枯后适口性得到改善，山羊、绵羊和骆驼采食干枝和果皮。

 夹竹桃科 Apocynaceae

92. 大叶白麻

属名：白麻属 *Poacynum* Baill.

拉丁名：*Poacynum hendersonii* (Hook. f.) Woodson

别名：白麻、野麻、大花罗布麻

形态特征：直立半灌木，高约1 m。茎直立，有分枝。叶互生，呈椭圆形至卵状椭圆形，长1.8～4.4 cm，宽0.6～1.9 cm。圆锥聚伞花序顶生，多分枝；花梗被白色短柔毛；花冠呈粉红色稍带紫色杯状。蓇葖果呈线状圆柱形，种子呈卵状长圆形，顶端被1簇白色的绢毛。花果期7—8月。

分布地区：青海省海西州格尔木市、乌兰县。

药用部位：叶和全草入药。

饲用价值：低等饲用植物。营养品质中等，适口性差。盛花期含粗蛋白质9.60%、粗脂肪3.08%、粗纤维22.64%、无氮浸出物46.50%、粗灰分18.18%，钙0.81%、总磷0.21%。青绿时期，山羊、绵羊和骆驼采食幼嫩枝条；枯黄后，骆驼采食落叶。

旋花科 Convolvulaceae

93. 田旋花

属名：旋花属 *Convolvulus* L.

拉丁名：*Convolvulus arvensis* L.

别名：中国旋花、箭叶旋花、小旋花、田福花、燕子草、三齿草藤、面根藤

形态特征：多年生草本植物。茎缠绕或蔓生，有棱。叶呈卵状长圆形至线形，外展或向下弯曲。花1～3朵生于叶腋，苞片呈线形，花冠呈白色或粉红色宽漏斗状。蒴果光滑呈卵球形，有4粒种子。种子呈暗褐色或黑色卵圆形。花期6—8月，果期7—9月。

分布地区：青海省西宁市湟源县、湟中区，玉树州玉树市、称多县，黄南州同仁市、尖扎县，海南州共和县、兴海县，海东市；西藏自治区昌都市丁青县，阿里地区札达县、普兰县。

药用部位：全草入药。

饲用价值：低等饲用植物。营养品质中等，适口性一般。盛花期含粗蛋白质14.50%、粗脂肪5.07%、粗纤维15.68%、无氮浸出物53.90%、粗灰分10.85%，钙1.08%、总磷0.11%。青绿时期少被家畜采食；枯黄后采食率提高。

94. 银灰旋花

属名：旋花属 *Convolvulus* L.

拉丁名：*Convolvulus ammannii* Desr.

别名：亚氏旋花、阿氏旋花、沙地小旋花

形态特征：多年生草本植物，高2～15 cm。根茎短，木质化。茎常斜升。叶无柄，呈线形，基部楔形。花单生叶腋，有细长花梗；花冠小，呈漏斗状，着淡紫红色或白色带紫色条纹，被毛。蒴果呈球形。种子呈淡红褐色卵圆形，有喙。花果期7—9月。

分布地区：青海省西宁市，海西州德令哈市、乌兰县，果洛州玛沁县，黄南州同仁市、尖扎县，海南州共和县、贵南县，海东市化隆县、民和县，海北州刚察县。

药用部位：全草入药。

饲用价值：低等饲用植物。营养品质中等，适口性一般，粗灰分含量高。营养期含粗蛋白质12.64%、粗脂肪1.84%、粗纤维30.75%、无氮浸出物34.34%、粗灰分20.43%，钙1.89%、总磷0.17%。植株矮小，全年为羊喜食，几乎不被牛和马等大家畜采食。放牧利用价值有限。

二十五 马鞭草科 Verbenaceae

95.蒙古莸

属名：莸属 *Caryopteris* Bunge

拉丁名：*Caryopteris mongholica* Bunge

别名：兰花茶、山狼毒

形态特征：小灌木，高20～70 cm。枝为灰色，叶呈狭披针形至线状披针形，全缘或有时有少数小齿。聚伞花序顶生或腋生；花萼呈钟形，具有5中裂；花冠呈蓝紫色筒状；雄蕊及花柱突出于花冠外。果实呈褐色球形，果瓣边缘有狭翅。花果期8—10月。

分布地区：青海省海西州乌兰县，海南州兴海县、共和县，海东市循化县。

药用部位：全草入药。

饲用价值：低等饲用植物。营养品质中等，适口性一般。花期含粗蛋白质9.56%、粗脂肪2.66%、粗纤维39.11%、无氮浸出物44.05%、粗灰分4.62%，钙1.00%、总磷0.20%。春季，马少量采食新生的枝条，山羊、绵羊采食花。

二十六 唇形科 Lamiaceae

96.益母草

属名：益母草属 *Leonurus* L.

拉丁名：*Leonurus artemisia* (Lour.) S. Y. Hu

别名：益母蒿、红花益母草、大样益母草、地母草、益母花、益母夏枯、森蒂

形态特征：1年或2年生草本植物，高达1 m。茎直立，呈四棱形，单一或有分枝。茎生叶呈掌状，有3深裂。轮伞花序多花组成疏离的穗状花序，花冠为粉红色或淡紫红色，有雄蕊4枚，花丝被鳞状毛。坚果小，呈褐色三棱形。花期6—9月，果期7—10月。

分布地区：青海省黄南州同仁市，海东市乐都区、循化县、民和县；西藏自治区林芝市察隅县。

药用部位：全草入药。

饲用价值：中等饲用植物。营养品质优，叶中含有益母草碱等生物碱成分，适口性良好。花期风干物含粗蛋白质20.83%、粗脂肪2.75%、粗纤维15.00%、无氮浸出物40.86%、粗灰分11.94%。青绿时期为羊喜食，牛乐食。可调制干草或青贮饲料。不宜多食，避免中毒。

二十七 茄科 Solanaceae

97. 宁夏枸杞

属名：枸杞属 *Lycium* L.

拉丁名：*Lycium barbarum* L.

别名：中宁枸杞、山枸杞、津枸杞、旁庆（藏名）

形态特征：落叶灌木，高达 1 m。茎呈灰白色，直立，有棱。叶互生，呈披针形或长椭圆状披针形。花常 1～2 朵簇生于叶腋，花萼呈钟状，花冠呈紫红色漏斗状，花冠长于花萼，无缘毛。浆果呈红色，种子呈棕黄色。花果期 5—10 月。

分布地区：青海省西宁市，玉树州，黄南州尖扎县，海南州兴海县、共和县、贵南县，海东市乐都区、循化县、民和县；西藏自治区昌都市八宿县。

药用部位：根皮和果实入药。

饲用价值：良等饲用植物。营养品质良，适口性良好。叶和果柄分别含粗蛋白质 15.42% 和 15.88%、粗脂肪 3.41% 和 3.32%、粗纤维 4.72% 和 15.47%、无氮浸出物 49.48% 和 48.67%、粗灰分 26.96% 和 16.66%、钙 0.51% 和 0.12%、总磷 3.74% 和 1.19%。嫩枝叶、果柄及枯黄的落叶是猪和羊的良好饲料。

98.北方枸杞

属名：枸杞属 *Lycium* L.

拉丁名：*Lycium chinense* var. *potaninii* (Pojark.) A. M. Lu

别名：折才尔玛（藏名）

形态特征：灌木，高50～80 cm。枝为淡灰色或淡黄色，多分枝。单叶互生或2～4枚簇生，呈披针形、矩圆状披针形或条状披针形。花3～5朵簇生于叶腋，花萼常有3～5裂，花冠呈紫红色漏斗形。浆果呈红色，种子呈黄色扁肾形。花果期7—10月。

分布地区：青海省西宁市，黄南州同仁市。

药用部位：根皮和果实入药。

饲用价值：中等饲用植物。营养品质中等，适口性良好。嫩茎叶含粗蛋白质11.10%、粗脂肪3.54%、粗纤维24.74%、无氮浸出物35.88%、粗灰分24.74%，钙1.40%、总磷0.13%。嫩茎、叶和果蒂为羊、猪、鸡和兔等畜禽喜食。

99. 黑果枸杞

属名：枸杞属 *Lycium* L.

拉丁名：*Lycium ruthenicum* Murr.

别名：黑枸杞、墨果枸杞、苏枸杞

形态特征：小灌木，高 15 ~ 40 cm。多分枝，表皮呈白色，有刺。叶肉质，2 ~ 6 枚簇生，呈线状圆柱形或线状披针形。花 1 ~ 2 朵生于短枝，花萼具有 2 ~ 4 浅裂，花冠呈浅紫色漏斗状，长 10 ~ 14 mm。浆果呈黑紫色圆球形。花期 5—8 月，果期 8—10 月。

分布地区：青海省海西州德令哈市、格尔木市、乌兰县、都兰县。

药用部位：果实入药。

饲用价值：良等饲用植物。营养品质良，叶片柔软多汁，但枝条多棘刺，适口性一般。花期含粗蛋白质 15.51%、粗脂肪 1.49%、粗纤维 22.20%、无氮浸出物 46.87%、粗灰分 13.93%、钙 1.24%、总磷 0.24%；果实富含花色苷、原花青素、多糖和黄酮等生物活性成分。幼嫩枝叶和成熟的浆果为家畜喜食；四季均被骆驼采食，适宜骆驼放牧利用。嫩枝叶亦可调制干草或草粉。

100.山莨菪

属名：山莨菪属 *Anisodus* Link ex Spreng.

拉丁名：*Anisodus tanguticus* (Maxim.) Pascher

别名：唐古特莨菪、樟柳、唐川那保（藏名）

形态特征：多年生草本植物，高达1.2 m。茎直立，多分枝。叶呈长圆形、卵状长圆形或近菱形，全缘或有波状齿。花单生于分枝间叶腋，花冠呈紫褐色，花萼包被果实，果萼纵脉显著隆起。蒴果呈球形，顶端膨大。花期5—6月，果期7—8月。

分布地区：青海省玉树州玉树市、囊谦县、杂多县，果洛州玛沁县，黄南州同仁市、泽库县，海南州兴海县、共和县，海北州刚察县、海晏县，西宁市湟源县、湟中区；西藏自治区拉萨市，昌都市卡若区、芒康县、江达县，那曲市索县，林芝市米林市，日喀则市南木林县、定日县、聂拉木县、仁布县。

药用部位：根茎和种子入药。

饲用价值：良等饲用植物。营养品质良，青绿植株含有生物碱，适口性差。花果期含粗蛋白质14.74%、粗脂肪2.73%、粗纤维26.05%、无氮浸出物40.11%、粗灰分16.37%、钙1.41%、总磷0.35%。鲜草很少为家畜采食，干草为犏牛、绵羊和山羊喜食，是高寒地区家畜越冬度春的良等天然牧草。

二十八 车前科 Plantaginaceae

101.平车前

属名：车前属 *Plantago* L.

拉丁名：*Plantago depressa* Willd.

别名：车前草、车茶草、车串串

形态特征：多年生草本植物，高7～25 cm。直根呈圆柱状。叶基生，呈椭圆形或椭圆状披针形，全缘或有不整齐的缺刻。穗状花序长4～20 cm；花萼呈椭圆形，有明显的龙骨状突起；花冠呈椭圆形或卵形，有浅齿。蒴果呈棕褐色圆锥形。花期5—7月，果期7—9月。

分布地区：青海省西宁市，海西州德令哈市、都兰县，玉树州玉树市、杂多县、囊谦县、治多县、曲麻莱县，果洛州玛多县、久治县、玛沁县，黄南州尖扎县、同仁市、河南县，海南州共和县、兴海县、贵南县，海东市乐都区、循化县、民和县、互助县，海北州刚察县、门源县；西藏自治区拉萨市，昌都市卡若区、丁青县、左贡县、八宿县、芒康县，日喀则市江孜县、亚东县、吉隆县，阿里地区普兰县。

药用部位：种子入药。

饲用价值：良等饲用植物。营养品质良，适口性好。花期含粗蛋白质15.11%、粗脂肪3.06%、粗纤维15.44%、无氮浸出物55.49%、粗灰分10.90%。质地柔嫩，为各类家畜喜食。放牧、青饲或调制青干草和青贮饲料均可。

102.大车前

属名：车前属 *Plantago* L.

拉丁名：*Plantago major* L.

别名：钱贯草、大猪耳朵草

形态特征：2年或多年生草本植物，高15～30 cm。根茎粗短，多须根。叶基生，草质、薄纸质或纸质，平卧、斜展或直立，呈莲座状。穗状花序1至数个，细圆柱状，花冠白色。蒴果呈近球形、卵球形或宽椭圆球形。种子呈卵形、椭圆形或菱形。花期6—8月，果期7—9月。

分布地区：青海省西宁市，黄南州同仁市，海南州共和县、兴海县、贵南县，海东市乐都区、民和县；西藏自治区拉萨市。

药用部位：种子和全草入药。

饲用价值：良等饲用植物。营养品质良，适口性好。果期含粗蛋白质13.95%、粗脂肪1.96%、粗纤维21.09%、无氮浸出物42.85%、粗灰分20.15%、钙3.49%、总磷0.12%。质地柔嫩，马、牛和羊均喜食，猪最为喜食。青饲、放牧或调制青干草和青贮饲料均可。

103.车前

属名：车前属 *Plantago* L.

拉丁名：*Plantago asiatica* L.

别名：车轮草、猪耳草、蛤蟆草、饭匙草、车轱辘菜

形态特征：多年生草本植物，高 10 ~ 40 cm。根状茎短，须根为多。叶基生，呈卵形或宽卵状椭圆形，基部渐狭成柄。花葶数枚生于叶丛，被白色柔毛；穗状花序狭而密，花为淡绿色。蒴果呈卵状长圆形，种子呈棕黑色长圆形。花期5—7月，果期7—9月。

分布地区：青海省西宁市，玉树州曲麻莱县，果洛州班玛县，海东市乐都区、互助县，海南州贵南县；西藏自治区林芝市巴宜区、米林市，日喀则市聂拉木县、亚东县。

药用部位：种子和全草入药。

饲用价值：良等饲用植物。营养品质良，适口性良好。抽茎期含粗蛋白质10.14%、粗脂肪4.59%、粗纤维15.61%、无氮浸出物51.05%、粗灰分18.61%，钙5.23%、总磷0.09%。叶质肥厚、细嫩多汁，开花前为各类畜禽采食，尤以猪最喜食。

二十九、茜草科 Rubiaceae

104. 猪殃殃

属名：拉拉藤属 *Galium* L.

拉丁名：*Galium aparine* var. *tenerum* (Gren. et Godr.) Rchb.

别名：拉拉藤、八仙草、爬拉殃、光果拉拉藤

形态特征：多年生蔓生或攀缘草本植物。茎分枝，呈四棱形。叶4～6枚轮生，呈线状倒披针形或狭匙形，先端有芒状尖头，无柄。聚伞花序腋生，小花呈白色，1～3朵；花冠裂片呈长圆形。果实呈近球形或双球形，密被钩状毛。花期3—7月，果期4—11月。

分布地区：青海省西宁市，海西州德令哈市，玉树州玉树市、囊谦县、称多县，果洛州玛多县、班玛县、久治县，黄南州同仁市、泽库县，海南州共和县、贵德县，海东市民和县、互助县，海北州刚察县、门源县；西藏自治区拉萨市，昌都市卡若区、类乌齐县、察雅县、左贡县，林芝市巴宜区、米林市，山南市错那市，日喀则市南木林县、萨迦县、定结县、聂拉木县、吉隆县。

药用部位：全草入药。

饲用价值：良等饲用植物。营养品质良，适口性良好。花期风干物含粗蛋白质13.58%、粗脂肪9.66%、粗纤维18.99%、无氮浸出物28.92%、粗灰分19.72%。枝叶的质地柔嫩，可作牛和马的优良牧草。不宜饲喂猪。

105.蓬子菜

属名：拉拉藤属 *Galium* L.

拉丁名：*Galium verum* L.

别名：松叶草、黄米花、鸡肠草、疔毒蒿、柳绒蒿、铁尺草、蛇望草

形态特征：多年生草本植物，高9～40 cm。茎多分枝，呈四棱形，被短柔毛。叶6～10枚轮生，呈线形，先端锐尖有小尖头，基部渐狭，边缘反卷，两面光滑。聚伞花序顶生或腋生，呈圆锥状；花冠为黄色，呈卵形。果小，无毛。花期4—8月，果期5—10月。

分布地区：青海省西宁市大通县、湟源县，果洛州玛沁县，黄南州尖扎县、同仁市、泽库县，海南州共和县、贵南县，海北州刚察县，海东市乐都区、民和县，海北州祁连县；西藏自治区昌都市江达县。

药用部位：全草入药。

饲用价值：低等饲用植物。营养品质中等，适口性一般。花期含粗蛋白质12.18%、粗脂肪4.39%、粗纤维24.28%、无氮浸出物50.46%、粗灰分8.69%，钙2.77%、总磷0.09%。青绿时期，骆驼喜食，牛、马乐食，羊主要采食花；枯黄后，采食少。

106.茜草

属名：茜草属 *Rubia* L.

拉丁名：*Rubia cordifolia* L.

别名：拉拉秧

形态特征：多年生攀缘草本植物。根呈橙红色，丛生。茎呈四棱形，有倒刺。叶4枚轮生，呈心状卵形至心状披针形，两面被糙毛，有倒刺。聚伞花序呈圆锥状，小花呈黄白色披针形，有裂片5枚。浆果成熟时呈黑色球形。花期8—9月，果期10—11月。

分布地区：青海省西宁市湟源县、湟中区，玉树州玉树市、囊谦县、称多县，果洛州班玛县、玛沁县，黄南州同仁市、泽库县，海南州兴海县、贵南县，海东市乐都区、循化县、民和县、互助县，海北州祁连县；西藏自治区林芝市巴宜区、米林市、波密县、墨脱县，日喀则市聂拉木县、亚东县，山南市加查县，昌都市察雅县、八宿县，阿里地区札达县、普兰县。

药用部位：根入药。

饲用价值：中等饲用植物。营养品质良，鲜草的适口性差。营养期含粗蛋白质21.17%、粗脂肪2.66%、粗纤维25.83%、无氮浸出物35.11%、粗灰分15.23%、钙2.44%、总磷0.27%。藤和叶脆嫩多汁，但因茎蔓和叶背面遍生倒钩刺或有糙毛，通常畜禽不愿采食，不宜放牧利用。切碎蒸煮后可饲喂猪和禽。

三十、菊科 Asteraceae

107.顶羽菊

属名：顶羽菊属 *Acroptilon* Cass.

拉丁名：*Acroptilon repens* (L.) Hidalgo

形态特征：多年生草本植物，高40 ～ 80 cm。茎直立，多分枝，密被蛛丝状毛和腺体。叶呈披针形至线形，全缘或具疏齿或浅羽裂。头状花序单生枝顶，小花呈红紫色或淡红色管状。瘦果呈淡白色倒长卵形，长3.5 ～ 4 mm，宽约2.5 mm。花果期5—9月。

分布地区：青海省黄南州，海西州，海南州及东部地区。

药用部位：全草入药。

饲用价值：低等饲用植物。营养品质中等，苦味较重，适口性差。花期含粗蛋白质8.18%、粗脂肪4.23%、粗纤维23.93%、无氮浸出物51.20%、粗灰分12.46%，钙0.69%、总磷0.16%。牛较喜食，其他家畜少食或不采食。

108.冷蒿

属名：蒿属 *Artemisia* L.

拉丁名：*Artemisia frigida* Willd.

别名：白蒿、小白蒿、兔毛蒿、寒地蒿、刚蒿

形态特征：多年生草本植物，高15～40 cm。根状茎有多条营养枝；茎直立，数枚或多数常与营养枝组成小丛。叶有2～3回羽状全裂，小裂片呈线状披针形或线状椭圆形。头状花序呈半球形、球形或卵球形，小花呈黄色，中央两性花结实。花果期7—10月。

分布地区：青海省西宁市，玉树州称多县，果洛州玛多县，海西州都兰县、乌兰县，海南州共和县、同德县，海东市平安区、乐都区、互助县。

药用部位：全草入药。

饲用价值：优等饲用植物。营养品质优，适口性好。花期含粗蛋白质12.44%、粗脂肪3.85%、粗纤维43.08%、无氮浸出物35.29%、粗灰分5.34%，钙0.95%、总磷0.51%。茎叶柔软，全年为各类家畜喜食。

109.猪毛蒿

属名：蒿属 Artemisia L.

拉丁名：*Artemisia scoparia* Waldst. et Kit.

别名：米蒿、黄蒿、东北茵陈蒿、滨蒿、白头蒿、香蒿、臭蒿

形态特征：1年、2年或多年生草本植物，高40～90 cm。茎呈紫褐色或褐色，常单生，具棱。叶被灰白色柔毛或脱毛，基生叶和茎下部叶2～3回羽状分裂。头状花序呈球形或卵状球形，两性花呈紫红色管状。瘦果呈褐色，倒卵形或长圆形。花果期7—10月。

分布地区：青海省西宁市，果洛州玛沁县，海西州都兰县、天峻县，黄南州泽库县、共和县、贵南县、同德县，海东市乐都区、互助县，海北州门源县；西藏自治区拉萨市，日喀则市，昌都市。

药用部位：全草入药。

饲用价值：良等饲用植物。营养品质良，适口性好。盛花期含粗蛋白质14.62％、粗脂肪7.86％、粗纤维30.83％、无氮浸出物39.22％、粗灰分7.47％，钙2.42％、总磷0.47％。草食家畜喜食，尤以羊和骆驼最喜食。

110. 牛尾蒿

属名：蒿属 *Artemisia* L.

拉丁名：*Artemisia dubia* Wall. ex Bess.

别名：荻蒿、紫杆蒿、水蒿、指叶蒿、茶绒

形态特征：亚灌木状草本植物，高50～110 cm。茎为紫褐色或绿褐色，丛生，多分枝，被柔毛。叶厚纸质或纸质，基生叶与茎下部叶大，呈卵形或长圆形。头状花序呈宽卵圆形或球形，组成穗状总状花序及复总状花序，两性花2～10朵。瘦果小，呈长圆形或倒卵圆形。花果期8—10月。

分布地区：青海省果洛州班玛县，黄南州同仁市、泽库县、河南县，海南州兴海县、共和县、同德县，西宁市大通县，海东市乐都区、循化县、互助县。

药用部位：全草入药。

饲用价值：低等饲用植物。营养品质中等，适口性一般。果熟期含粗蛋白质8.54%、粗脂肪3.85%、粗纤维28.34%、无氮浸出物52.82%、粗灰分6.45%，钙0.90%、总磷0.24%。春季幼嫩时牛、羊采食；夏秋季不采食；秋季经霜后，家畜喜食叶和果实。

111.大籽蒿

属名：蒿属 *Artemisia* L.

拉丁名：*Artemisia sieversiana* Ehrhart ex Willd.

别名：大白蒿、臭蒿子、大头蒿、苦蒿、肯甲（藏名）

形态特征：1年或2年生草本植物，高20 ～ 100 cm。茎单生，多分枝，有明显的纵棱。下部与中部叶呈宽卵形或宽卵圆形，具有2 ～ 3回羽状分裂或不分裂。头状花序大而多，在茎上成圆锥花序，在分枝上成穗状总状花序或复总状花序，两性花多层。瘦果呈长圆形。花果期6—10月。

分布地区：青海省各地；西藏自治区拉萨市，那曲市巴青县，昌都市丁青县，山南市加查县，林芝市巴宜区、米林市、波密县、工布江达县，日喀则市南木林县、聂拉木县、吉隆县。

药用部位：花蕾入药。

饲用价值：中等饲用植物。营养品质良，适口性一般。盛花期含粗蛋白质11.28%、粗脂肪7.33%、粗纤维24.60%、无氮浸出物49.60%、粗灰分7.19%，钙1.28%、总磷0.35%。青绿时期植株因有苦味，一般不为家畜采食；秋季经霜后，羊、牛喜食嫩枝和花。主要用来调制干草，供家畜冬春季饲用。

112.牛蒡

属名：牛蒡属 *Arctium* L.

拉丁名：*Arctium lappa* L.

别名：牛蒡子、大力子、恶实、切桑（藏名）

形态特征：2年生草本植物，高50～150 cm。根肉质、粗壮。茎直立，上部多分枝。茎生叶互生，呈宽卵形，有小尖头。头状花序簇生于茎顶或排成伞房状，总苞呈球形状长披针形，先端钩状弯曲，花呈淡紫色管状。瘦果呈灰褐色，长圆形。花果期6—9月。

分布地区：青海省西宁市，黄南州同仁市、尖扎县，海东市乐都区、民和县、循化县；西藏自治区昌都市察雅县，林芝市巴宜区、米林市、察隅县、波密县，山南市隆子县。

药用部位：根和果实入药。

饲用价值：良等饲用植物。营养品质良，株高叶大，产量高。茎叶含粗蛋白质16.95%、粗脂肪6.88%、粗纤维21.21%、无氮浸出物32.66%、粗灰分22.30%，钙2.30%、总磷0.38%。因叶片背面多茸毛，且具异味，青绿期一般不为家畜采食，可作猪和兔的饲料。可在开花前刈割，调制青干草或青贮饲料。籽实是优质精饲料，畜禽都喜食。

113.飞廉

属名：飞廉属 *Carduus* L.

拉丁名：*Carduus nutans* L.

形态特征：2年或多年生草本植物，高达1 m。茎直立，被白色的有节茸毛。叶两面同色，呈长卵形或长圆状披针形，羽状半裂或深裂，裂片边缘有硬针刺。头状花序单生枝顶，小花呈紫色管状。瘦果扁平，呈灰黄色楔形，表面光滑。花果期6—10月。

分布地区：青海省西宁市，玉树州囊谦县、杂多县、治多县，黄南州同仁市、泽库县、河南县，海南州共和县，海东市乐都区、民和县。

药用部位：根和全草入药。

饲用价值：低等饲用植物。营养品质中等，适口性差。花期含粗蛋白质7.74%、粗脂肪3.38%、粗纤维27.86%、无氮浸出物47.87%、粗灰分13.15%，钙2.38%、总磷0.30%。幼嫩时期，牛、羊、马和驴均乐食；随着叶片刺逐渐变硬，适口性变差，牛仅乐食花，羊和马偶尔采食。

114. 刺儿菜

属名：蓟属 *Cirsium* Mill.

拉丁名：*Cirsium arvense* var. *integrifolium* C. Wimm. et Grabowski

别名：大刺儿菜、大小蓟、小蓟、大蓟、野红花

形态特征：多年生草本植物，高20 ~ 100 cm。匍匐根茎，具棱。叶呈椭圆形、长椭圆形或椭圆状倒披针形，常无叶柄。头状花序单生茎端或成伞房花序，总苞呈卵圆形或长卵形，总苞片覆瓦状排列，小花呈紫红或白色。瘦果呈淡黄色，椭圆形或偏斜椭圆形。花果期5—9月。

分布地区：青海省西宁市，黄南州尖扎县、同仁市、泽库县，海南州贵德县，海东市乐都区、民和县、互助县。

药用部位：带花的全草入药。

饲用价值：中等饲用植物。营养品质良，适口性良好。花期含粗蛋白质13.65%、粗脂肪4.64%、粗纤维22.93%、无氮浸出物40.69%、粗灰分18.09%，钙1.68%、总磷0.33%。幼嫩时期，羊、猪喜食，牛、马较少采食；在5—7月，放牧利用为佳。开花初期刈割后制作青贮饲料或加工草粉，各类家畜均喜食。

115.飞蓬

属名：飞蓬属 *Erigeron* L.

拉丁名：*Erigeron acris* L.

别名：狼尾巴棵

形态特征：2年生草本植物，高5～60 cm。茎直立，呈圆柱状。叶两面被硬毛，茎基部叶全缘呈倒披针形；中部和上部叶无柄，呈披针形。头状花序伞房状排列，总苞呈绿色或稀紫色，3层苞片呈线状披针形，两性花呈黄色管状。瘦果呈长圆披针形。花期7—9月。

分布地区：青海省西宁市湟中区，玉树州玉树市、囊谦县、称多县，果洛州玛沁县、班玛县、久治县，黄南州泽库县、河南县、同仁市，海东市循化县、民和县、互助县，海北州祁连县、门源县；西藏自治区昌都市江达县，那曲市索县。

药用部位：全草入药。

饲用价值：中等饲用植物。营养品质中等，适口性良好。现蕾期含粗蛋白质4.79%、粗脂肪0.39%、粗纤维2.55%。青绿时期马、牛和羊乐食，煮后喂猪颇佳。可调制干草或青贮饲料。

116.阿尔泰狗娃花

属名：紫菀属 *Aster* L.

拉丁名：*Aster altaicus* Willd.

别名：阿尔泰紫菀

形态特征：多年生草本植物，高 15 ~ 60 cm。茎直立，有分枝。叶呈线形、长圆状披针形、倒披针形或近匙形，被粗毛或细毛，常有腺点。头状花序单生枝顶或排成伞房状，总苞呈半球形，有 2 ~ 3 层总苞片，花呈黄色管状。瘦果扁，呈灰绿或浅褐色倒卵状长圆形。花果期 5—9 月。

分布地区：青海省各地；西藏自治区阿里地区普兰县、札达县，昌都市芒康县。

药用部位：根、花及全草入药。

饲用价值：中等饲用植物。营养品质中等，脂类物质含量较高，适口性一般。花果期含粗蛋白质 10.42%、粗脂肪 5.19%、粗纤维 24.58%、无氮浸出物 48.58%、粗灰分 11.24%，钙 1.16%、总磷 0.10%。嫩枝及花为羊、牛和马乐食，全株为骆驼喜食。适宜放牧利用，也可调制成干草进行利用。

117. 蓼子朴

属名：旋覆花属 *Inula* L.

拉丁名：*Inula salsoloides* (Turcz.) Ostenf.

别名：山猫眼、秃女子草、黄喇嘛

形态特征：亚灌木，高达 45 cm。茎平卧、斜升或直立，呈圆柱形。叶呈披针状或长圆状线形，全缘。头状花序单生枝顶，总苞呈倒卵圆形，总苞片呈黄绿色，无毛；花冠呈管状，冠毛呈白色。瘦果长 1.5 mm，有细沟，被疏粗毛和腺点。花期 5—8 月，果期 7—9 月。

分布地区：青海省西宁市，黄南州尖扎县，海西州格尔木市、乌兰县，海南州贵德县，海东市循化县、民和县。

药用部位：花及开花前的全草入药。

饲用价值：低等饲用植物。营养品质中等，脂类物质含量较高，适口性一般。盛花期含粗蛋白质 8.63%、粗脂肪 5.24%、粗纤维 27.78%、无氮浸出物 46.32%、粗灰分 12.03%、钙 1.41%、总磷 0.36%。青绿时期为骆驼喜食；干枯后为骆驼乐食，羊偶尔采食。

118.长叶火绒草

属名：火绒草属*Leontopodium* R. Br. ex Cass.

拉丁名：*Leontopodium longifolium* Ling

别名：兔耳子草、狭叶长叶火绒草

形态特征：多年生草本植物。花茎直立或斜升，不分枝。叶被白色长柔毛或密茸毛，基部叶常呈窄长匙形，部分基部叶和茎中部叶呈线形、宽线形或舌状线形。头状花序，苞叶多，呈卵圆状披针形或线状披针形；小花雌雄异株，冠毛呈白色。瘦果无毛或有乳突或粗毛。花期7—8月。

分布地区：青海省玉树州玉树市、囊谦县、杂多县、治多县，果洛州达日县、玛沁县、班玛县、久治县，黄南州同仁市、泽库县、河南县，海西州德令哈市、乌兰县，海南州兴海县、共和县，西宁市大通县，海东市循化县，海北州刚察县、祁连县、门源县；西藏自治区的西部和北部地区。

药用部位：全草入药。

饲用价值：草质柔软、叶量丰富，适口性好。青绿时期，羊、牛采食，马少量采食；秋季枯黄，各类草食家畜都喜食；也是冬季放牧利用的良好牧草。

119. 矮火绒草

属名：火绒草属 *Leontopodium* R. Br. ex Cass.

拉丁名：*Leontopodium nanum* (Hook. f. et Thoms.) Hand.-Mazz.

别名：打火草、无茎火绒草

形态特征：多年生矮小草本植物，高 2 ～ 5 cm。无茎或有茎，直立，被厚密的白色软毛。叶先端有小尖头，基部渐狭，呈匙形或线状长圆形。头状花序单生或密集，生花 1 ～ 4 朵，总苞片呈黑褐色；小花异形且雌雄异株，冠毛呈亮白色。瘦果无毛或有粗毛。花期 5—6 月，果期 5—7 月。

分布地区：青海省玉树州，果洛州玛多县、达日县、玛沁县、久治县，黄南州尖扎县、同仁市、泽库县，海西州乌兰县、天峻县，海南州共和县、贵德县，海北州刚察县、门源县；西藏自治区拉萨市曲水县、当雄县，昌都市芒康县，那曲市索县，日喀则市定日县、聂拉木县。

药用部位：全草入药。

饲用价值：中等饲用植物。营养品质良，适口性一般。现蕾期含粗蛋白质 15.31%、粗脂肪 1.92%、粗纤维 31.01%、无氮浸出物 42.16%、粗灰分 9.60%，钙 0.90%、总磷 0.19%。生长前较少为草食家畜采食；生长中期以后采食，其中绵羊喜食，牛次之，马少食；秋季枯黄后株型小、叶片易脱落，不耐践踏，所以不宜放牧利用。

120.火绒草

属名：火绒草属 *Leontopodium* R. Br. ex Cass.

拉丁名：*Leontopodium leontopodioides* (Willd.) Beauv.

别名：绢绒火绒草、老头艾、老头草、海哥斯梭利、大头毛香、火绒蒿

形态特征：多年生草本植物，高 10 ～ 45 cm。花茎直立，较细，不分枝。叶呈灰绿色线形或线状披针形，有被毛。头状花序密集，总苞被白色棉毛呈半球形，苞叶数量少，与花序等长或较长；小花雌雄异株，冠毛呈白色。瘦果有乳突或密粗毛。花果期 7—10 月。

分布地区：青海省西宁市，黄南州同仁市、泽库县，海西州德令哈市、都兰县、乌兰县，海南州兴海县、共和县，海东市乐都区、循化县、民和县、互助县，海北州门源县。

药用部位：全草入药。

饲用价值：草质柔软，适口性良好。青绿时期，各类家畜均采食；秋季枯黄后，马、羊喜食，牛乐食。

121. 沙生风毛菊

属名：风毛菊属 *Saussurea* DC.

拉丁名：*Saussurea arenaria* Maxim.

形态特征：多年生矮小草本植物，高3～10 cm。茎极短或无茎。叶呈莲座状长圆形或披针形，全缘、微波状或有尖齿，上面被蛛丝状毛和稠密腺点，下面密被白色茸毛。头状花序单生，总苞呈宽钟形或宽卵圆形，小花呈紫红色。瘦果呈圆柱状，无毛。花果期6—9月。

分布地区：青海省玉树州囊谦县、治多县、曲麻莱县，果洛州玛多县、玛沁县，黄南州泽库县，海西州德令哈市、都兰县、大柴旦行政区，海南州兴海县、共和县、贵南县，海北州祁连县；西藏自治区昌都市左贡县。

药用部位：叶入药。

饲用价值：良等饲用植物。营养品质良，耐牧性强，适口性良好。8月下旬采集的地上植株含粗蛋白质11.43%、粗脂肪7.07%、粗纤维11.98%、无氮浸出物45.83%、粗灰分23.69%、钙1.79%、总磷0.13%。鲜嫩时期最为羊喜食，四季均为牛、马喜食。

122.星状风毛菊

属名：风毛菊属 *Saussurea* DC.

拉丁名：*Saussurea stella* Maxim.

别名：星状雪兔子

形态特征：无茎莲座状草本植物。全株光滑无毛。根呈深褐色，倒圆锥状。叶呈紫红色或绿色星状排列，边缘全缘，无毛。半球形总花序，总苞呈圆柱形，小花呈紫色。瘦果呈圆柱状，冠毛呈白色糙毛状，有2层，外层短内层长。花果期7—9月。

分布地区：青海省玉树州玉树市、杂多县、治多县、曲麻莱县、囊谦县，果洛州玛多县、玛沁县、久治县、黄南州泽库县、河南县，海南州共和县，海北州刚察县、祁连县、门源县；西藏自治区拉萨市，山南市乃东区、错那市、加查县，日喀则市谢通门县、南木林县、亚东县，那曲市巴青县，昌都市八宿县、贡觉县、江达县。

药用部位：全草入药。

饲用价值：低等饲用植物。营养品质中等，适口性差。8月中旬采集的地上植株含粗蛋白质8.15%、粗脂肪2.35%、粗纤维28.67%、无氮浸出物52.10%、粗灰分8.73%，钙1.37%、总磷0.13%。仅花为家畜乐食，叶少量被采食。

123.美丽风毛菊

属名：风毛菊属 *Saussurea* DC.

拉丁名：*Saussurea pulchra* Lipsch.

别名：美头风毛菊

形态特征：多年生草本植物，高达4～27 cm。茎枝呈灰绿或灰白色，被薄棉毛。叶呈灰白色线形，无柄，全缘，反卷。头状花序单生茎顶或少数成伞房状花序，总苞呈紫色疏被白色棉毛，小花呈紫色。瘦果呈青绿色长圆形，冠毛呈白色糙毛状。花果期8—9月。

分布地区：青海省玉树州，果洛州玛多县、玛沁县、班玛县、久治县，黄南州泽库县、河南县，海西州德令哈市、天峻县，海南州兴海县、共和县，海东市乐都区、互助县，海北州刚察县、祁连县、门源县。

药用部位：根入药。

饲用价值：中等饲用植物，营养品质良，适口性一般。8月采集的地上植株含粗蛋白质13.29%、粗脂肪5.28%、粗纤维14.36%、无氮浸出物54.01%、粗灰分13.06%。青绿时期，马最为喜食花，牛、羊少量采食叶片；干枯后适口性略有改善。

124. 矮丛风毛菊

属名：风毛菊属 *Saussurea* DC.

拉丁名：*Saussurea eopygmaea* Hand.-Mazz.

别名：扎赤（藏名）

形态特征：多年生草本植物，高5～40 cm。茎呈紫褐色，直立，不分枝。叶呈线形，先端钝，边缘翻卷，被白色绢状毛。头状花序单生，总苞呈半球形或近钟形，总苞片有3～4层；小花呈紫红色管状，冠毛有2层，内层较花冠短。瘦果呈圆锥状。花果期7—8月。

分布地区：青海省玉树州，果洛州玛多县、玛沁县、班玛县，黄南州同仁市、泽库县、河南县，海南州贵南县、共和县，海北州门源县；西藏自治区拉萨市，林芝市。

药用部位：全草入药。

饲用价值：良等饲用植物。营养品质良，适口性良好。8月中旬采集的地上植株含粗蛋白质16.41%、粗脂肪12.26%、粗纤维20.44%、无氮浸出物42.25%、粗灰分8.64%，钙1.28%、总磷0.29%。青绿时期，马、牛和羊喜食叶片，牛喜食花；干枯后，各类家畜乐食。

125.黄缨菊

属名：黄缨菊属 *Xanthopappus* C. Winkl.

拉丁名：*Xanthopappus subacaulis* C. Winkl.

别名：九头妖、黄冠菊

形态特征：多年生无茎矮小草本植物，高5～7 cm。茎基极短。叶基生呈莲座状，叶片呈长椭圆形或线状长椭圆形，羽状深裂，裂片呈三角状披针形，在边缘及先端延伸成针刺。头状花序密集成团球状，小花均两性，呈黄色管状。瘦果偏斜呈倒卵圆形，冠毛呈淡黄色或棕黄色。花果期7—9月。

分布地区：青海省西宁市，玉树州玉树市、囊谦县、杂多县、治多县，果洛州玛多县，黄南州河南县，海西州天峻县，海南州兴海县，海东市互助县，海北州祁连县、刚察县、门源县。

药用部位：全草入药。

饲用价值：低等饲用植物。叶片附短针刺，适口性差，草食家畜仅少量采食花。

126.蒲公英

属名：蒲公英属 *Taraxacum* F. H. Wigg.

拉丁名：*Taraxacum mongolicum* Hand.-Mazz.

别名：黄花地丁、婆婆丁、蒙古蒲公英、灯笼草、姑姑英、地丁

形态特征：多年生草本植物，高达25 cm。叶呈倒卵状披针形、倒披针形或长圆状披针形，边缘具波状齿或羽状深裂，有齿。花葶呈紫红色，密被蛛丝状白柔毛，总苞呈淡绿色钟状。瘦果呈暗褐色倒卵状披针形，种子被白色冠毛。花果期4—10月。

分布地区：青海省各地。

药用部位：全草入药。

饲用价值：优等饲用植物。营养品质良，适口性良好。初花期含粗蛋白质10.86%、粗脂肪5.76%、粗纤维20.18%、无氮浸出物48.96%、粗灰分14.24%，钙1.3%、总磷0.2%。开花前的叶片嫩绿可口，但略具苦味，各类家畜都喜食，尤其牛、羊最为喜食。与精饲料混合，饲喂鸡、鸭、猪和兔效果较好。

127.砂蓝刺头

属名：蓝刺头属 *Echinops* L.

拉丁名：*Echinops gmelinii* Turcz.

形态特征：1年生草本植物，高10～40 cm。茎呈淡黄色，直立，有少数分枝或不分枝。叶呈披针形或线状披针形，边缘具三角状刺齿或针刺，被头状腺毛或蛛丝状毛。复头状花序单生于茎或枝端，小花呈蓝色管状。瘦果密被毛，呈狭倒锥形。花果期6—9月。

分布地区：青海省海西州都兰县、乌兰县，海南州共和县、贵德县。

药用部位：根入药。

饲用价值：中等饲用植物。营养品质中等，适口性一般。花期含粗蛋白质13.33%、粗脂肪5.48%、粗纤维35.87%、无氮浸出物37.15%、粗灰分8.17%，钙1.48%、总磷0.25%。青绿时期，骆驼、驴和马喜食花、叶片及嫩茎，牛和羊采食；干枯后适口性降低，骆驼乐食。

128.苣荬菜

属名：苦苣菜属Sonchus L.

拉丁名：*Sonchus wightianus* DC.

别名：苦苦菜、苦荬菜

形态特征：多年生草本植物，高15～60 cm。茎直立，不分枝。叶呈长倒披针形或狭长圆形，边缘有波状齿至不规则的羽状浅裂，有细小的齿。头状花序单生或2至数枚排列成伞房状花序，含数朵小花，小花呈黄色舌片线形。瘦果稍扁，呈棕色纺锤形。花果期1—9月。

分布地区：青海省各地；西藏自治区的南部。

药用部位：花和全草入药。

饲用价值：良等饲用植物。营养品质优，适口性好。营养期含粗蛋白质20.53%、粗脂肪6.53%、粗纤维18.11%、无氮浸出物36.09%、粗灰分18.74%，钙1.48%、总磷0.25%。根、茎及叶均为畜禽喜食，尤其适合做猪和禽的饲料。

三十一、香蒲科 Typhaceae

129. 狭叶香蒲

属名：香蒲属 *Typha* L.

拉丁名：*Typha angustifolia* L.

别名：水烛、蜡烛草、蒲草、水蜡烛

形态特征：多年生水生或沼生草本植物，高 15～40 cm。茎直立，不分枝，鞘内分蘖。叶呈狭条形，上部扁平，中部以下腹面微凹。穗状花序，小花呈绿紫色，无花柱，柱头呈毛笔状。小坚果呈长椭圆形，具有褐色斑点和纵裂，长约 1.5 mm。花果期 6—9 月。

分布地区：青海省各地。

药用部位：干燥的花粉（蒲黄）入药。

饲用价值：良等水生饲用植物。营养品质优，适口性良好。营养期含粗蛋白质 19.29%、粗脂肪 1.91%、粗纤维 26.27%、无氮浸出物 35.84%、粗灰分 16.69%，钙 0.90%、总磷 0.26%。幼嫩时期，马、牛和羊均喜食，成熟后很少采食。营养期刈割后调制的青干草，家畜均喜食，是良好的冬春季补饲用草。

 眼子菜科 Potamogetonaceae

130. 海韭菜

属名：水麦冬属 *Triglochin* L.

拉丁名：*Triglochin maritima* L.

形态特征：多年生湿生草本植物。根茎短，须根多，常有棕色叶鞘残留物。叶基生，基部具鞘，呈条形。花葶直立呈圆柱形；总状花序顶生，花较紧密，无苞片；花被片有2轮呈鳞片状。蒴果呈椭圆形或卵圆形，成熟时有6瓣裂，顶部联合。花果期6—10月。

分布地区：青海省各地；西藏自治区拉萨市，昌都市芒康县、察雅县、类乌齐县，林芝市巴宜区、米林市、察隅县，山南市加查县、措美县，日喀则市南木林县、江孜县、仁布县、定结县、亚东县、聂拉木县、吉隆县、仲巴县，那曲市色尼区、巴青县、索县、嘉黎县、申扎县、班戈县，阿里地区改则县、普兰县、札达县、革吉县。

药用部位：全草入药。

饲用价值：优等饲用植物。营养品质优，适口性好。初花期含粗蛋白质28.8%、粗脂肪3.2%、粗纤维17.6%、无氮浸出物38.5%、粗灰分11.90%，钙0.65%、总磷0.42%。多盐植物，绵羊、山羊特喜食。

131.水麦冬

属名：水麦冬属 *Triglochin* L.

拉丁名：*Triglochin palustre* L.

形态特征：多年生湿生草本植物。根茎短，植株弱小。叶基生，基部有鞘，呈条形。花葶直立细长，呈圆柱形；花序总状，花较疏散，无苞片；花被片呈绿紫色，有2轮；柱头呈毛笔状。蒴果呈棒状条形，成熟时3瓣裂，顶部联合。花果期6—10月。

分布地区：青海省各地；西藏自治区拉萨市，林芝市巴宜区、米林市、察隅县，山南市错那市、加查县、措美县，日喀则市桑珠孜区、江孜县、康马县、萨迦县、昂仁县、定结县、定日县、聂拉木县，那曲市色尼区、双湖县、索县、申扎县，昌都市八宿县、类乌齐县，阿里地区改则县、日土县、普兰县、札达县。

药用部位：果实入药。

饲用价值：优等饲用植物。营养品质良，适口性好。结实期含粗蛋白质6.53%、粗脂肪3.48%、粗纤维39.08%、无氮浸出物37.97%、粗灰分12.94%。多盐植物，羊、牛喜食。

禾本科 Gramineae

132. 芦苇

属名：芦苇属 *Phragmites* Adans.

拉丁名：*Phragmites australis* (Cav.) Trin. ex Steud.

形态特征：多年生草本植物。秆直立，高 1 ~ 3 m，有 20 个多节，节下被蜡粉。叶舌边缘密生纤毛，易脱落；叶呈披针状线形，无毛，顶端长渐尖成丝形。圆锥花序大型，小穗常呈淡紫红色，花药呈黄色。颖果呈长卵形，长约 1.5 mm。

分布地区：青海省西宁市，果洛州班玛县，黄南州同仁市、泽库县，海南州共和县、兴海县、贵德县、贵南县，海东市循化县，海西州格尔木市、德令哈市、都兰县、乌兰县、天峻县；西藏自治区拉萨市，阿里地区日土县。

药用部位：根状茎入药。

饲用价值：中、矮型芦苇为优等饲用植物。营养品质良，适口性良好。开花期含粗蛋白质 10.19%、粗脂肪 1.92%、粗纤维 35.76%、无氮浸出物 45.21%、粗灰分 6.92%，钙 0.08%、总磷 0.08%。抽穗前的嫩茎叶，牛、马、骆驼、驴和山羊喜食，绵羊乐食；抽穗后适口性下降，可调制干草和青贮饲料。再生力强，耐践踏，放牧与刈草兼用。

133.芨芨草

属名：芨芨草属 *Achnatherum* P. Beauv.

拉丁名：*Achnatherum splendens* (Trin.) Nevski

形态特征：多年生草本植物，高达2.5 m。根粗。秆直立，坚硬。叶鞘无毛，边缘有膜质，叶舌呈披针形；叶纵卷，坚韧，上面粗糙下面无毛。圆锥花序呈灰绿至草黄色，小穗长；颖膜质，披针形；花药顶端有毫毛。花果期6—9月。

分布地区：青海省西宁市，玉树州玉树市、囊谦县、称多县，果洛州玛多县、玛沁县，黄南州尖扎县、同仁市、泽库县，海西州格尔木市、都兰县、乌兰县、天峻县、大柴旦行政区，海南州兴海县、共和县、同德县、贵南县，海东市乐都区、民和县、循化县，海北州；西藏自治区昌都市，阿里地区。

药用部位：茎、花和种子入药。

饲用价值：中等饲用植物。营养品质良，适口性一般。抽穗期含粗蛋白质17.53%、粗脂肪1.19%、粗纤维35.68%、无氮浸出物38.43%、粗灰分7.17%，钙1.67%、总磷0.19%。春季和初夏，牛、羊喜食幼嫩枝叶；夏秋季茎叶变粗老，骆驼喜食，马次之，牛、羊不食。开花初期刈割，可调制青贮饲料。

134.茅香

属名：茅香属 *Hierochloe* R. Br.

拉丁名：*Hierochloe odorata* (L.) Beauv.

形态特征：多年生草本植物。根茎细长，横走。秆高50～60 cm，无毛，有3～4节。叶鞘长于节间，叶舌膜质，顶端呈啮蚀状；叶呈披针形，被微毛。圆锥花序呈卵形，下部裸露，小穗呈黄褐色；颖膜质，有1～3脉，两性花外稃上部被短毛。花果期6—9月。

分布地区：青海省西宁市，玉树州玉树市、杂多县、曲麻莱县，果洛州玛多县，海北州门源县；西藏自治区那曲市巴青县、索县。

药用部位：根状茎入药。

饲用价值：劣等饲用植物。营养品质中等，富含香豆素，适口性一般。营养期含粗蛋白质11.03%、粗脂肪5.01%、粗纤维24.04%、无氮浸出物37.52%、粗灰分22.40%。幼嫩时期，牛、马和羊喜食；抽穗后香味增强，适口性下降，家畜不采食。

135.臭草

属名：臭草属 *Melica* L.

拉丁名：*Melica scabrosa* Trin.

别名：毛臭草、肥马草、枪草

形态特征：多年生草本植物。秆丛生，高20～90 cm。叶鞘光滑或微粗糙，叶舌膜质；叶较薄，两面粗糙或上面疏被柔毛。圆锥花序狭窄，小穗呈淡绿色或乳白色，柄短，被微毛。颖果呈褐色纺锤形，表面有光泽。种子呈黑色肾形。花果期5—8月。

分布地区：青海省西宁市，黄南州同仁市、尖扎县，海东市民和县、互助县；西藏自治区昌都市卡若区、察雅县，林芝市察隅县。

药用部位：全草入药。

饲用价值：中等饲用植物。营养品质中等，适口性良好。抽穗期含粗蛋白质9.27%、粗脂肪3.23%、粗纤维31.89%、无氮浸出物50.58%、粗灰分5.03%，钙0.98%、总磷0.21%。幼嫩时期草质柔软、叶量丰富，羊喜食，牛和马少量采食。适于放牧，亦可调制青干草。

136.早熟禾

属名：早熟禾属 *Poa* L.

拉丁名：*Poa annua* L.

别名：爬地早熟禾

形态特征：1年生或冬性草本植物。茎高6～20 cm，无毛，质软。叶舌圆头；叶扁平或对折，柔软，常有横脉纹，先端骤尖呈船形。圆锥花序呈宽卵形，小穗呈绿色，生小花3～5朵；花药小，黄色。颖果呈纺锤形。花期4—5月，果期6—7月。

分布地区：青海省西宁市湟中区，玉树州治多县、囊谦县、称多县，果洛州久治县，黄南州同仁市、泽库县、河南县，海南州兴海县，海东市乐都区、互助县；西藏自治区拉萨市，林芝市巴宜区、察隅县、波密县，日喀则市桑珠孜区、亚东县、聂拉木县、吉隆县。

药用部位：全草入药。

饲用价值：良等饲用植物。营养品质良，适口性好。花期含粗蛋白质12.12%、粗脂肪2.47%、粗纤维34.8%、无氮浸出物45.02%、粗灰分5.59%，钙0.3%、总磷0.179%。茎叶柔嫩，各类家畜喜食。

137.草地早熟禾

属名：早熟禾属 *Poa* L.

拉丁名：*Poa pratensis* L.

别名：六月禾

形态特征：多年生草本植物。匍匐根茎发达，茎高 50 ～ 90 cm。叶鞘平滑或糙涩，长于节间，较叶长，叶舌膜质；叶呈线形，扁平或内卷。圆锥花序呈金字塔形或卵圆形，小穗呈绿色至草黄色，生小花 3 ～ 4 朵。颖果呈纺锤形，具 3 棱。花期 5—6 月，果期 7—9 月。

分布地区：青海省西宁市，玉树州玉树市、杂多县、囊谦县，果洛州玛多县，黄南州尖扎县、同仁市、泽库县，海西州格尔木市、都兰县，海南州兴海县，海东市乐都区、循化县、民和县、互助县，海北州刚察县、祁连县、门源县；西藏自治区拉萨市，那曲市索县，林芝市巴宜区、米林市、波密县，日喀则市亚东县、定日县、聂拉木县、吉隆县，阿里地区改则县、札达县。

药用部位：根茎入药。

饲用价值：优等饲用植物。营养品质良，适口性好。结实期含粗蛋白质 10.37%、粗脂肪 2.17%、粗纤维 34.69%、无氮浸出物 42.6%、粗灰分 10.17%。耐牧性强，适合放牧利用，各类家畜喜食。

138.画眉草

属名：画眉草属 *Eragrostis* Wolf

拉丁名：*Eragrostis pilosa* (L.) Beauv.

别名：星星草、蚊子草

形态特征：1年生草本植物。秆丛生，高15～60 cm，有4节，表面光滑。叶鞘扁，鞘缘近膜质，鞘口被长柔毛，叶舌为一圈纤毛；叶呈线形，扁平或卷缩，无毛。圆锥花序开展或紧缩，小穗生小花4～14朵；颖膜质，披针形。颖果呈长圆形。花果期8—11月。

分布地区：西藏自治区林芝市察隅县。

药用部位：全草入药。

饲用价值：良等饲用植物。营养品质良，适口性好。抽穗期含粗蛋白质11.45%、粗脂肪2.20%、粗纤维24.24%、无氮浸出物48.59%、粗灰分13.52%，钙0.54%、总磷0.44%。质地柔嫩，羊喜食，牛乐食；夏秋，骆驼乐食。

139. 小画眉草

属名：画眉草属*Eragrostis* Wolf

拉丁名：*Eragrostis minor* Host

形态特征：1年生草本植物。秆丛生，高15～40 cm，有3～4节，节下有腺体。叶鞘疏松包裹茎，叶舌为一圈长柔毛；叶呈线形，扁平或干后内卷，下面平滑上面粗糙。圆锥花序开展，小穗呈绿至深绿色长圆形，生小花3～16朵。颖果呈红褐色，近球形。花果期6—9月。

分布地区：青海省西宁市，海南州兴海县、贵德县、贵南县；西藏自治区拉萨市。

药用部位：全草入药。

饲用价值：优等饲用植物。营养品质优，适口性好。抽穗期含粗蛋白质33.61％，粗脂肪5.17％、粗纤维29.47％、无氮浸出物17.75％、粗灰分14.00％，钙0.72％、总磷0.53％。青绿时期，羊喜食，马、牛乐食；夏秋，骆驼乐食。放牧与刈草兼用。

140.黑穗画眉草

属名：画眉草属*Eragrostis* Wolf

拉丁名：*Eragrostis nigra* Nees ex Steud

形态特征：多年生草本植物，高20～50 cm。茎丛生，直立或基部稍膝曲。叶鞘疏松包裹茎，鞘口被白色柔毛，叶舌平截；叶扁平呈线形，上面疏生柔毛下面较平滑。圆锥花序开展，小穗呈黑色或铅绿色，生小花3～8朵。颖果呈椭圆形。花果期4—9月。

分布地区：青海省黄南州尖扎县、同仁市，海南州贵德县，海东市乐都区、化隆县、循化县、民和县；西藏自治区拉萨市，林芝市，山南市乃东区、琼结县，日喀则市拉孜县，昌都市八宿县、洛隆县。

药用部位：根和全草入药。

饲用价值：良等饲用植物。春夏季茎叶柔嫩、适口性好，牛、羊喜食。放牧、青刈或调制干草皆宜。

141. 白草

属名：狼尾草属 *Pennisetum* Rich.

拉丁名：*Pennisetum centrasiaticum* Tzvel.

别名：兰坪狼尾草

形态特征：多年生草本植物。根茎横走，茎高 20～90 cm。叶鞘疏松包裹茎，叶舌短被纤毛；叶呈狭线形，无毛。圆锥花序紧密，直立或稍弯曲，主轴无毛或有微毛，小穗常单生呈卵状披针形，第一小花多雄性，第二小花两性。颖果呈长圆形。花果期 7—10 月。

分布地区：青海省各地；西藏自治区拉萨市，林芝市巴宜区、米林市，昌都市八宿县、丁青县、察雅县、贡觉县，山南市乃东区、错那市、加查县、隆子县，日喀则市萨迦县、昂仁县、定结县、定日县、聂拉木县、吉隆县，那曲市双湖县、申扎县、索县，阿里地区。

药用部位：全草入药。

饲用价值：良等饲用植物。营养品质中等，适口性好。花期含粗蛋白质 9.88%、粗脂肪 4.74%、粗纤维 34.61%、无氮浸出物 39.67%、粗灰分 11.10%，钙 0.18%。茎叶柔软，牛、马、羊和骆驼均喜食。宜在结实期前收获利用。再生性良好，耐践踏，放牧与刈草兼用。

142. 狗尾草

属名：狗尾草属 *Setaria* P. Beauv.

拉丁名：*Setaria viridis* (L.) Beauv.

别名：谷莠子

形态特征：1年生草本植物。须状根。秆直立或基部膝曲，高10 ～ 100 cm。叶鞘松弛，无毛或被柔毛，叶舌极短；叶片扁平呈长三角状狭披针形或线状披针形。圆锥花序紧密，直立或上部弯曲，小穗呈铅绿色椭圆形，数枚簇生。颖果呈灰白色椭圆形。花果期5—10月。

分布地区：青海省西宁市，玉树州玉树市、称多县，果洛州玛沁县，黄南州尖扎县、同仁市，海南州兴海县、共和县、贵德县、贵南县，海东市乐都区、化隆县、循化县、民和县；西藏自治区林芝市察隅县、波密县、米林市，昌都市察雅县、芒康县、丁青县，日喀则市江孜县。

药用部位：全草入药。

饲用价值：良等饲用植物。营养品质优，适口性好。营养期含粗蛋白质20.27%、粗脂肪3.82%、粗纤维21.21%、无氮浸出物44.70%、粗灰分10.00%、钙0.45%、总磷0.35%。幼嫩时期，羊最喜食，马、牛乐食。宜在成熟前收获利用。调制成干草，各类家畜喜食。

三十四 莎草科 Cyperaceae

143.水葱

属名：藨草属 *Scirpus* L.

拉丁名：*Scirpus tabernaemontani* Gmel.

别名：南水葱

形态特征：多年生草本植物，高 0.5 ~ 1 m。匍匐根状茎粗壮，茎高大呈圆柱形。叶呈条形。苞片呈钻形，长侧枝聚伞花序有多个不等长的辐射枝，每枝有 1 ~ 3 枚小穗，小穗内含雄蕊 3 枚，呈卵形或卵状长圆形。小坚果近扁平，呈灰褐色倒卵形。花果期 6—9 月。

分布地区：青海省海西州格尔木市，海南州共和县、贵德县；西藏自治区拉萨市，林芝市波密县。

药用部位：全草入药。

饲用价值：中等饲用植物。营养品质良，适口性良好。全株含粗蛋白质 16.08%、粗脂肪 2.93%、粗纤维 25.62%、无氮浸出物 46.10%、粗灰分 9.27%。幼嫩时期，家畜喜食；成熟或枯黄期适口性降低，家畜少食甚至不食。宜在 6—8 月收获利用，可调制青干草、草粉或青贮饲料。

三十五 百合科 Liliaceae

144. 蒙古韭

属名：葱属 *Allium* L.

拉丁名：*Allium mongolicum* Regel

别名：蒙古葱、沙葱

形态特征：多年生草本植物，高 20 ~ 30 cm。鳞茎丛生呈圆柱状，外皮呈褐黄色纤维状。叶呈半圆柱状或圆柱状，短于花葶。伞形花序密集成半球状至球状，无小苞片；花呈淡红、淡紫或紫红色，花被片呈卵状长圆形；子房呈倒卵圆形，花柱伸出花被。花果期7—9月。

分布地区：青海省西宁市湟中区，玉树州玉树市、杂多县、囊谦县、称多县，果洛州玛沁县、班玛县，黄南州，海南州贵南县，海东市乐都区、民和县、互助县。

药用部位：全草入药。

饲用价值：优等饲用植物。营养品质优，适口性好。现蕾期含粗蛋白质26.82%、粗脂肪4.05%、粗纤维16.58%、无氮浸出物37.58%、粗灰分14.97%，钙2.76%、总磷0.35%。季节性放牧利用牧草，各类家畜皆采食，尤为绵羊、山羊和骆驼最喜食，是家畜抓膘的优良天然牧草。

145. 碱韭

属名：葱属 *Allium* L.

拉丁名：*Allium polyrhizum* Turcz. ex Regel

别名：多根葱、紫花韭

形态特征：多年生草本植物，高6～25 cm。鳞茎数枚密集簇生呈圆柱状，外皮呈黄褐色近网状。叶呈半圆柱状，短于花葶，叶缘有细糙的齿。花葶呈圆柱状，伞形花序呈半球状，有小苞片，花多而密集；花呈紫红或淡紫红色；子房的腹缝线基部呈深绿色卵形。花果期6—8月。

分布地区：青海省西宁市湟源县，海西州德令哈市、都兰县、乌兰县，海南州共和县、贵德县，海东市互助县，海北州刚察县、海晏县。

药用部位：全草入药。

饲用价值：优等饲用植物。营养品质优，适口性好。盛花期含可消化养分80.97%，粗蛋白质20.27%、粗脂肪4.78%、粗纤维34.09%、无氮浸出物31.68%、粗灰分9.18%、钙1.13%、总磷0.63%。季节性放牧利用牧草，各类家畜皆采食，尤为绵羊、山羊和骆驼最喜食，牛和马采食少。

146.青甘韭

属名：葱属 *Allium* L.

拉丁名：*Allium przewalskianum* Regel

别名：青甘野韭

形态特征：多年生草本植物，高10～50 cm。鳞茎有数枚，呈卵状圆柱形，外皮呈红色或红褐色，有明显的网状。叶呈半圆柱形或圆柱形，中空，有4～5纵棱。伞形花序；花呈紫红色或淡紫红色，多数花呈球形；子房呈球形，基部无蜜腺。花果期6—9月。

分布地区：青海省西宁市湟中区，玉树州玉树市、治多县、曲麻莱县、囊谦县、称多县，果洛州久治县、玛沁县，黄南州同仁市、泽库县、河南县，海西州德令哈市、都兰县、乌兰县，海南州兴海县、共和县、同德县、贵南县，海东市乐都区、互助县，海北州；西藏自治区阿里地区日土县、札达县、噶尔县、革吉县、改则县，日喀则市吉隆县、康马县，那曲市申扎县、双湖县、班戈县、巴青县、索县，山南市措美县，昌都市丁青县、洛隆县、八宿县。

药用部位：种子入药。

饲用价值：春季萌发早，生长快，是春季缺草时期家畜恢复体力及秋季增肥抓膘的优等牧草。春秋两季适口性好，各类家畜均喜食；夏季，牛和羊少量采食。

147.戈壁天门冬

属名：天门冬属*Asparagus* L.

拉丁名：*Asparagus gobicus* Ivan. ex Grubov

形态特征：半灌木，高15～20 cm。根状茎粗短，茎和枝呈拐棍状弯曲，有纵棱，棱上有软骨质细齿。叶状枝3～12枚簇生呈圆柱状，先端有小尖头。花呈淡紫色，花梗顶部有关节，雌花略小于雄花。浆果呈红色球形，直径5～7 mm。花期5月，果期6—9月。

分布地区：青海省海南州贵德县，海东市乐都区、循化县。

药用部位：带根的全草入药。

饲用价值：低等饲用植物。营养品质中等，适口性一般。营养期含粗蛋白质11.32%、粗脂肪3.92%、粗纤维25.08%、无氮浸出物47.09%、粗灰分12.59%，钙2.02%、总磷0.22%。春夏季的幼嫩枝条，绵羊、山羊喜食，结实后不采食；四季，马、牛均不采食。

三十六、鸢尾科 Iridaceae

148. 野鸢尾

属名：鸢尾属 *Iris* L.

拉丁名：*Iris dichotoma* Pall.

别名：白射干、二歧鸢尾、扇子草、羊角草、扁蒲扇、老鹳扇

形态特征：多年生草本植物。根状茎呈棕褐色，不规则块状。叶基生或在花茎基部互生，两面呈灰绿色剑形。花茎实心，苞片膜质；花呈蓝紫或淡蓝色，外花被裂片无附属物，内花被裂片呈窄倒卵形。蒴果呈圆柱形，种子呈暗褐色椭圆形，有小翅。花期7—8月，果期8—9月。

分布地区：青海省海东市循化县、民和县。

药用部位：根状茎入药。

饲用价值：早春时期，家畜采食茎和叶；枯黄后，牛、绵羊乐食。

149.马蔺

属名：鸢尾属 *Iris* L.

拉丁名：*Iris lactea* Pall.

别名：白花马蔺、马兰花、马兰

形态特征：多年生密丛草本植物。根状茎粗壮，斜伸。叶基生，呈灰绿色线形，质地坚韧。花茎草质光滑，有 3 ～ 5 枚苞片；花呈蓝紫或乳白色，外花被裂片呈倒披针形，内花被裂片呈窄倒披针形。蒴果呈长椭圆状柱形，种子呈棕褐色多面体形。花期5—6月，果期6—9月。

分布地区：青海省各地；西藏自治区拉萨市，山南市琼结县，林芝市巴宜区、米林市，日喀则市桑珠孜区、江孜县、亚东县。

药用部位：花、种子和根入药。

饲用价值：中等饲用植物。营养品质中等，适口性一般。花期含粗蛋白质4.91%、粗脂肪6.05%、粗纤维42.52%、无氮浸出物37.89%、粗灰分8.63%，钙1.21%、总磷0.17%。青绿时期，牛、羊少量采食；经霜后，各类家畜乐食。可调制干草。

兰科 Orchidaceae

150. 绶草

属名：绶草属 *Spiranthes* Rich.

拉丁名：*Spiranthes sinensis* (Pers.) Ames

别名：盘龙参、红龙盘柱、一线香

形态特征：地生草本植物，高 15 ～ 35 cm。肉质根数条，呈指状。叶直伸，基部有柄状鞘抱茎，多呈宽线形或宽线状披针形。花序密而多，呈螺旋状扭转，苞片呈卵状披针形；花呈紫红、粉红或白色，在花序轴螺旋状排生；花瓣较薄，唇瓣凹入。花期 7—8 月。

分布地区：青海省西宁市湟中区、湟源县、大通县，海北州门源县，海东市互助县、循化县、民和县；西藏自治区林芝市。

药用部位：根和全草入药。

饲用价值：幼嫩至开花期适口性好，牛、羊喜食。

参 考 文 献

毕思思, 2019. 黄芪属植物对牦牛与黄牛体外发酵特征的影响 [D]. 兰州: 兰州大学.

陈山, 1994. 中国草地饲用植物资源 [M]. 沈阳: 辽宁民族出版社.

何永明, 钟钦卿, 王凯, 等, 2010. 麻黄对家兔心脏的毒性作用 [J]. 华中农业大学学报, 29(4): 484-488.

侯向阳, 孙海群, 2012. 青海主要草地类型及常见植物图谱 [M]. 北京: 中国农业科学技术出版社.

罗光宏, 陈叶, 王进, 等, 2013. 锁阳寄主: 多裂骆驼蓬抗旱性能与应用潜力评价 [J]. 河西学院学报, 29(5): 1-4.

罗伟祥, 刘广全, 李嘉珏, 等, 2007. 西北主要树种培育技术 [M]. 北京: 中国林业出版社: 804-807.

齐海丽, 吕云皓, 杨双铭, 等, 2021. 黑果枸杞活性成分及其产品开发研究进展 [J]. 中国果菜, 41(3): 19-25.

张琴萍, 邢宝, 周帮伟, 等, 2020. 藜麦饲用研究进展与应用前景分析 [J]. 中国草地学报, 42(2): 162-168.

中国科学院青藏高原综合科学考察队, 1983—1987. 西藏植物志 (第一至五卷)[M]. 北京: 科学出版社.

中国科学院西北高原生物研究所, 1996—1999. 青海植物志 (第一至四卷)[M]. 西宁: 青海人民出版社.

中国饲用植物志编辑委员会, 1989—1997. 中国饲用植物志 (第一至六卷)[M]. 北京: 中国农业出版社.

周青平, 1994. 青海药用植物图谱 [M]. 南京: 江苏科学技术出版社.